自然甜。

食在安心低糖點心

廖敏雲 著

目 錄 contents

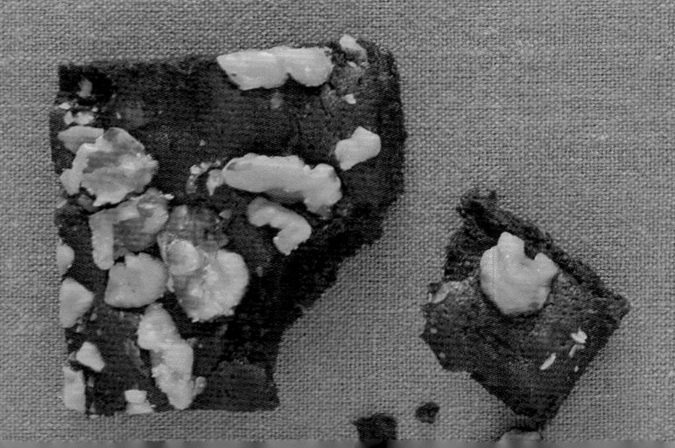

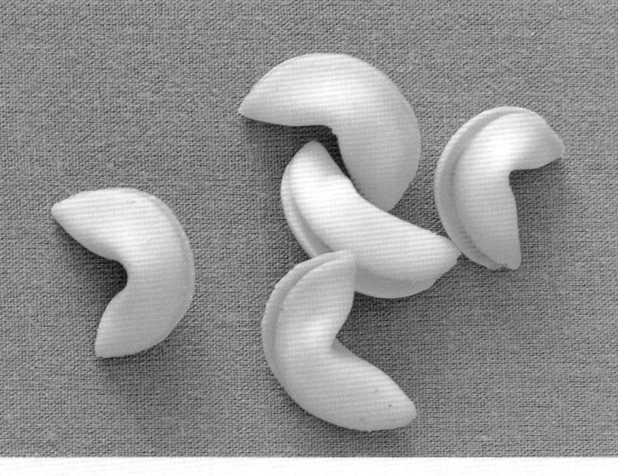

Part4

浪漫甜蜜。巧克力

Part5

悠閒時光。司康

Part6

滑嫩可口。布丁＆果凍

推薦序／

永不停歇的夢想追尋

開始認識咖芳、廖大姐和黃大哥到現在，我從大學生變成了新手爸爸，倏地已經過了一個世代。當時的咖芳就是批踢踢美食板上的熱門店家，著名希臘甜點的雪球、水果大福和隱身巷弄的甜點工作室，是大學生的甜點「聖地」。這十年間，咖芳一直在求新求變，在原本的名作雪球、大福以外，陸陸續續增設了牛軋糖、客製化喜餅、外燴小點、節慶禮盒等其他產品，行銷方面也成功地挑戰超商通路、網路商店，並且致力於甜點教室和西點食譜，分享烘培藝術給熱愛美食的人；但也有其從未改變之處：依然隱身巷弄的店面、對品質和原味的堅持。

在一次又一次造訪咖芳的過程裡，我很早就了解到「太香的麵包不要吃」、「太鮮的顏色不要買」、「久放不壞的食物不要碰」等食物安全的問題，咖芳不講求超越自然，而是在自然的限度內玩起味覺的組合遊戲，也因此常激盪出令人驚艷的火花！因著對於自然原味的堅持，咖芳還沒有機會「一夕暴紅」，但卻有許多商號求之不得的細水長流。

讓我驚訝的是，即便咖芳已經頗有名氣，廖大姐、黃大哥卻依舊樂於接受各種客製化的挑戰，他們從不把「客製化」視為麻煩，反而當作是學習和進步的機會。面對客人提出的各式要求，他們的眼眸裡總是綻放著熱情的火光，常常從豐富的經驗中，提供更好的建議，讓我不由得打從心底佩服！或許他們相信，幫助客人達成願望，是對他們夢想的一種追尋。

「喜歡烹飪美食、喜歡分享美食」，這樣的信念讓咖芳踏上一段奇幻旅程，咖芳的雪球和水果大福從來就不是這個圓夢之旅的終點，這趟旅程永不停歇，廖大姐和黃大哥永遠都有下一個夢想等著被實踐。或許讀者們可以透過親手實作這本食譜裡的每一道點心，體驗到咖芳對於夢想堅持與追尋的精神，並且在各位的生活裡，投注甜甜的熱情。

馬偕醫院麻醉醫師　楊琢琪

作者序／

天然手作糕點的安心感

購買湯碗瓢盆是我的最愛，因為這些漂亮容器可以裝下，並襯托出我所烘烤的甜點成果，每當有新的創意、新的食譜，我總會開心的製作並與親朋好友分享。瞧見他們滿足的笑容，品嚐著我做的糕點，這真的讓我有著莫名的成就感，我常說淺嚐甜點可以紓解壓力，也可享受美味的下午茶。

走進烘焙業已有**18**年了，從懵懵懂懂到一路拜師學習，再到自己一路研發創新，並開啟了教學的路程，在教學的過程中，新的學員總會說：「好難、又失敗了。」其實一樣的基本材料麵粉、蛋、奶油、糖，經由攪拌、打發、烘烤，卻可以碰撞出不一樣的火花，唯有藉由經驗的眉眉角角，才可將失敗率降低。教學的過程中學員的問題總是層出不窮，也緊張不安，在現場有老師可以詢問，回家也只能看書學習，因此想藉由本書將步驟簡單化，也提出烘焙「眉角」，由書中教予，並將製作零失敗甜點的心得與大家分享。

此書分成五大單元，我將作法精簡到簡易明瞭、通俗易懂；製作的材料隨手可得，盡量採用天然的食材，非常適合家庭製作。加了步驟圖，讓初學者可以對照，減低緊張而失誤，製作的甜點不只可以自己品嚐，在糕點裝飾後稍加包裝，也可以與親朋好友分享。此書我也會根據個人的烘焙經驗，提供製作該道甜點的注意事項，增加成功率，或者增添美味的訣竅，讓初學者在製作餅乾、巧克力、瑪芬、磅蛋糕、司康、布丁、果凍等等，都可以輕易上手，也學會簡易包裝，將可提升糕點的價值感，送給親朋好友非常適宜。

身為一個家庭主婦，對於「食」安問題非常在意，所以喜歡親手製作甜點給家人、朋友吃，放的材料自己最清楚，希望大家都不要用太多添加劑，讓吃甜點不僅美味，亦可安心照顧全家人腸胃！

烘焙魔法師 廖敏雲

Part1

踏入烘焙的第一步

preparation

對烘焙充滿興趣，想嘗試自己作，卻又害怕做失敗，這是很多初學者的困擾。當面對烘焙材料店琳瑯滿目的器具和材料，卻不知從何挑選？看到食譜書作法所寫的蛋白打發、蛋黃打發、鮮奶油打發，卻不明白「打發」是指什麼狀態？擠花袋如何使用？等等……

種種的問號和專有名詞，將在這個單元的常用材料介紹、基本器具介紹、基礎重點學習、簡易包裝示範等解答你的疑惑，從此克服心理障礙，也會愛上充滿魔力的烘焙世界囉！

常用材料介紹

粉類

肉桂粉

用肉桂的根及其皮製作而成，香味特殊，酌量添加於糕點中，可增加香氣。

高筋麵粉

蛋白質含量高的麵粉，筋度強、延展性好、吸水率高，適合製作麵包。

中筋麵粉

筋度適中的麵粉，經常使用於中式糕點、包子、饅頭類。

低筋麵粉

筋性較弱、延展性較差的麵粉，用來製作蛋糕及餅乾。

玉米粉

由玉米胚芽磨製的粉狀，添加在烘焙製品中可使組織細膩，以降低麵粉筋度，加水經加熱則有光澤凝膠的特性，產品冷卻時，不易產生離水現象。

塔塔粉

是製作葡萄酒時底部的沉澱物所提煉製成的酸性白色粉末，可用來中和蛋白的PH質，在打發蛋白時更加潔白與細緻，亦可以檸檬汁替換。

防潮可可粉

裝飾蛋糕表面，或巧克力裹粉時常使用的材料。

糖類

細砂糖 & 糖粉

糕點的主要材料，可增加甜味，亦能加深產品色澤。

蜂蜜

蜜蜂所採集植物的花蜜，經過分泌釀製而轉化形成天然液態糖漿。

麥芽糖

由發芽的大麥胚芽提煉萃取，加入糖漿酸，經加入轉化而成的褐色糖漿，具有保濕、著色及延長保存期限的功能。

油脂類

奶油

分有鹽及無鹽兩種，從鮮奶中藉由離心方法分離出來的天然油脂，含水量大約15～20%，除了增加糕點奶香氣外，亦可增進麵糰延展性及柔軟組織。

沙拉油

液體油脂為柔性材料，添加於蛋糕配方中，可增加柔軟度。

膨脹劑

泡打粉

泡打粉為酸性材料，又稱發粉，遇水會產生化學變化，產生二氧化碳，進而使糕餅膨大鬆軟，具有膨脹作用。

蘇打粉

蘇打粉為鹼性材料，俗稱重曹、小蘇打，呈現白色粉末狀，適量添加於糕餅中有增色和膨脹作用。

乳製品＆蛋

雞蛋

製作糕點的主要材料，分為蛋黃、蛋白兩部分。蛋黃具有乳化作用，蛋白具有膨鬆麵糊組織的功能，蛋黃亦適合塗抹於糕點表面，可增加色澤。

鮮奶＆奶粉

鮮奶分為全脂、低脂和脫脂三種，宜使用全脂製作糕餅為佳。奶粉為鮮奶經過噴霧乾燥而成，添加於烘焙製品中可增加奶香氣。

鮮奶油

分為有糖與無糖兩種，用攪拌機攪打至發泡呈軟質固體。可用來裝飾蛋糕表面；或者添加於慕斯及冰淇淋中，增加口感及產品滑潤度。

雜糧&堅果

核果類

腰果、黑芝麻、白芝麻、桃核、開心果、南瓜子、夏威夷豆等，營養豐富是製作西點不可或缺的材料，可酌量添加在麵糊或麵糰內，增加口感和香味，也可作為表面裝飾材料，使用範圍廣大。

椰子粉

一般使用於蛋糕表面或內餡，必須選用顏色較潔白為佳，如果有發黃代表存放過久，即不可使用。

杏仁

杏仁果粒切割成片狀為杏仁片，切成條狀為杏仁條，而角粒狀為杏仁角。最常使用於製作杏仁瓦片，或鋪於蛋糕表面增加咀嚼感和香氣。

燕麥片

整粒燕麥經碾壓、蒸煮、乾燥製成，為健康食材，能有效降低血液中的膽固醇，並可預防心血管疾病。

凝固劑

吉利T

俗稱果凍粉，由植物膠、海藻膠混合的加工膠質，屬於植物性，在室溫下即可凝結，使用前需與糖混合後，再加水煮沸使用，素食可吃。

洋菜

由海藻提製，有植物性吉利丁之稱，利用洋菜製作的點心，口感較硬脆，素食可吃。

吉利丁片

又稱明膠片，從動物的骨頭（多為牛骨或豬皮）所提煉出來的膠質，分為片狀及粉狀。吉利丁片較吉利丁粉無腥臭味，葷、素皆可吃。

水果類

乾果類

添加適量葡萄乾、橘子皮、黑棗、水果乾於麵糊中，可增加成品風味。使用前可以泡入蘭姆酒待入味後，能增加迷人的淡淡酒香。

水果罐頭類

鳳梨、水蜜桃、什錦水果罐頭，適合作為蛋糕夾層及裝飾表面使用。

果醬

水果洗滌去皮後切碎，加糖，加熱煮沸後濃縮而成的果醬，適合搭配司康一起食用。

其他

耐烤巧克力豆

為高溫烘烤不會融化的巧克力，可適量添加於蛋糕及餅乾麵糊中。

香草精＆香草莢

香草精為香草濃縮的添加物，適合加入布丁液或泡芙夾餡中，增加迷人的風味。香草莢為天然香草，其香氣更足。

鹽

降低甜度以襯托原料本身的風味，可增強麵糰延展性，穩定麵糰發酵，以及增強其他材料風味。

酒類

白蘭地、蘭姆酒，可浸泡果乾或適量添加於麵糊中，能消除腥味並增加糕點風味。

基本器具介紹

烘焙設備

烤箱

是烘焙點心必備的工具。購買前先了解個人需求，除了定時、定溫功能外，建議以擁有上、下火分開控溫的烤箱為佳。每臺烤箱性能略不同，食譜中建議的溫度和時間僅供參考，多試幾次即可掌握自己烤箱的性格了。

烤盤

一般家用烤箱會配1～2個烤盤，有鐵氟龍或鋁製材質。若為不沾烤盤則可直接使用；其他材質則建議使用前噴一層烤盤油，或刷一層奶油後撒上少許麵粉可防沾黏，亦可直接鋪一張烤盤紙。

烤盤紙

又稱烘焙紙，用來阻隔糕餅與烤盤直接接觸，常用於中式、西式點心中，有一次使用及重複性使用兩種可選擇。在烤盤上鋪一張烤盤紙，可防止烘烤的糕餅沾黏而容易取出。

出爐涼架

可將剛出爐的糕點放置於涼架上，能快速冷卻及散熱。

不沾布

可鋪於烤盤，為布材質及耐熱矽膠兩種，使用後經過清洗可重複使用。

隔熱手套

當點心出爐時，可作為隔熱之用，防止燙手。

度量工具

磅秤

用來秤量材料，一般家庭以1000公克為常使用，最低單位可秤量至1公克較為精準，不論測量液態或固態的材料都非常方便。

量杯

用來秤量液體的器具，以cc為計量單位，有玻璃、塑膠、不鏽鋼等材質。有240cc、500cc、1000cc、2000cc容量，依個人需要挑選適合的容量。

量匙

一組有4支，分別標示為1大匙（T）、1茶匙（t）、1/2茶匙（t）、1/4茶匙（t）四種份量。 1大匙為15cc、1小匙為5cc 、1/2茶匙為2.5cc、1/4茶匙為1.25cc。通常量匙是用來秤量少於10g的材料，以不鏽鋼材質較佳。

計時器

設定烘烤時間，通常有分、秒兩個按鍵，可以隨時提醒，以避免烘烤過頭而浪費材料和製作的時間。

溫度計

將溫度放入鍋中，可以測量巧克力液、布丁液溫度，能直接透過面板觀側是否達到理想溫度即可。

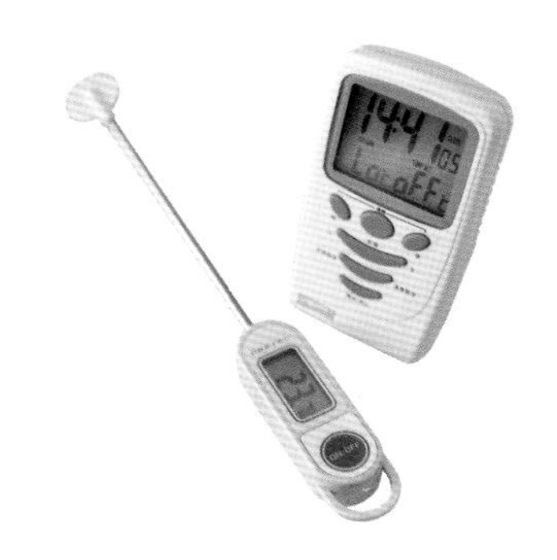

紙模 & 模具

紙模 & 鋁箔模

可以挑選可愛的蛋糕紙杯、鋁箔模裝盛麵糊，烘焙瑪芬和磅蛋糕，完成品包裝好送給親友非常適宜。

餅乾模型 & 慕斯圈

常用於將麵糰桿成所需要的厚薄度，再用餅乾模壓出形狀。

攪拌工具

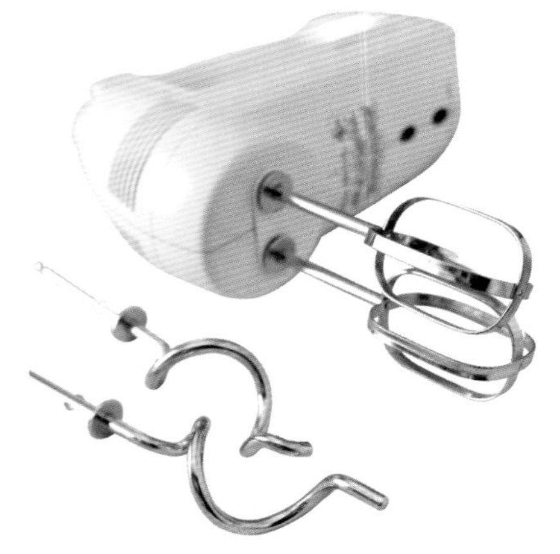

手提電動攪拌器

分為桌上、手提型兩種，用來攪拌蛋白、鮮奶油、奶油等，用電動攪拌機攪打將會比用手攪拌更為省力、省時。

攪拌盆

可視需求選擇大、中、小三種盆子，直徑分別為30、24、22cm三種尺寸，底部以圓弧狀為佳。

打蛋器

為攪拌材料時使用，不鏽鋼的材質，有大、小之分，也可用來打蛋白、奶油、鮮奶油，但較花時間和費力。

橡皮刮刀

具有彈性曲折性，分為耐熱性與一般材質，亦有大、小之分，彈性橡皮刮刀主要將盆內糊狀材料，沿著盆刮下，也適合作為攪拌工具。

木匙

適合攪拌有熱度或較黏稠的材料為佳。

輔助工具

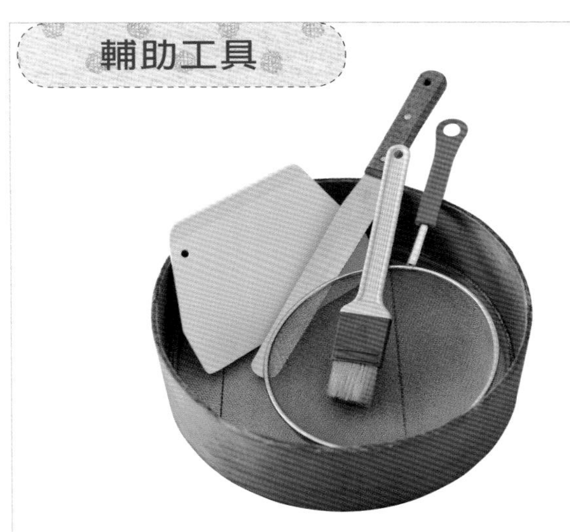

刷子

塗抹奶油、蛋液、果醬時使用，使烘烤完成的點心色澤更加漂亮且均勻，平時使用完應清洗乾淨後晾乾。

篩網

用來過篩粉類與糖粉，以去除雜質與結塊，讓烘烤出來的點心更加鬆軟。

抹刀

蛋糕由烤模取出時，可用抹刀協助，更可於蛋糕塗抹鮮奶油及裝飾時使用。

刮板

有平形、彎形、梯形、半圓形及鋸齒形等，使用時將視製作產品需求而挑選。平形為切割麵糰用，半圓形最常使用於刮除攪拌器及鋼盆中殘留的材料或抹平麵糊。

擠花嘴

用於裝飾蛋糕、餅乾，或製作泡芙時使用。花嘴的種類與大小很多種，功用不同，所擠畫出的形狀也不同，選購時可先視需求再添購。

擠花袋

有不透明重複使用與透明一次性可選購，作為填充餡料、打發鮮奶油使用。

桿麵棍

將麵糰或麵皮桿成需要的厚薄之用，常用的桿麵棍有直型及含把手兩種。

榨汁器

榨取新鮮水果汁的工具。

基礎重點學習

磅秤挑選

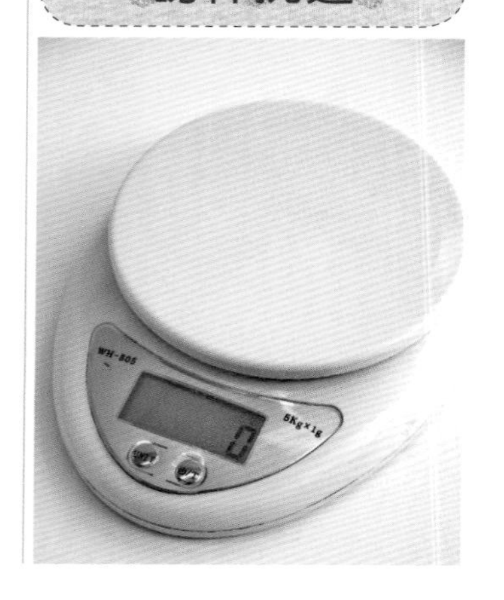

建議購買可以歸零的電子秤較方便，因為所使用的鹽、泡打粉、小蘇打粉多為低於10公克以下的微小份量。通常會附一個裝盛容器，只要將所秤材料放在容器內，再按一次開關鍵即可扣除容器重量。

烤箱溫度和預熱

一般家用烤箱有兩種，上、下火分開裝置，或單火裝置；若預算許可者，建議購買上下火分開裝置為佳，糕點受熱溫度較均勻。書中每道食譜均標示兩種方式，讓讀者依方便性挑選。烤箱烘烤前，先以烘烤溫度預熱5～10分鐘，或觀看指示燈，當熄滅即表示烤箱溫度已達所需溫度。

鋼盆擦乾水分

在製作甜點過程中，器具都要保持乾淨，尤其是材料不能沾到水，打蛋糕麵糊的鋼盆，不能有油與水，所以務必使用乾淨的抹布或廚房紙巾擦乾鋼盆水分。

量匙量取材料

利用量匙秤取粉類或液體材料時，裝滿後需用湯匙柄、抹刀刮除多餘材料，使表面平整才確實。

核果類烤香

若是拌入麵糊和麵糰中的核果，放入烤箱中層，以低溫約130℃烤過，視核果大小烤10～15分鐘，中途需翻面一次使受熱更均勻，烤過的核果香氣足且口感較脆。

雞蛋回溫

若雞蛋本來放於冰箱冷藏時，必須先放在室內回溫，待觸摸時有微微冰涼感即可。雞蛋溫度太低，會影響打發效果，或加長攪拌時間。

奶油回軟

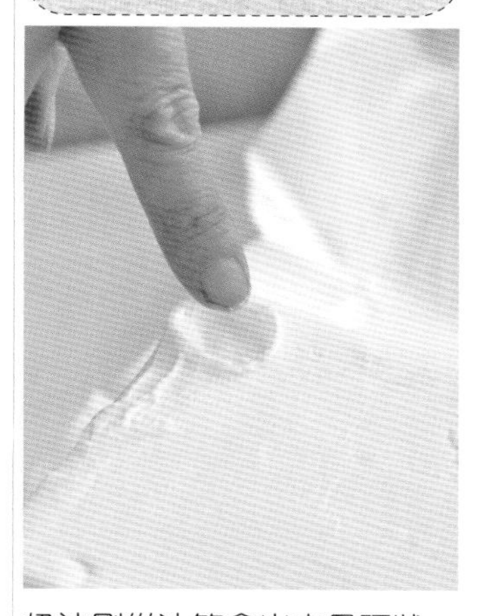

奶油剛從冰箱拿出來是硬狀，無法用攪拌器拌開，必須先秤量適合大小，再放在室溫待軟，夏天約需30分鐘，冬天為2小時，以手指頭輕壓後形成一個凹痕即可使用。

過篩動作

粉類過篩可將受潮結塊的粉類濾除，或篩成小顆粒，目的是讓攪拌麵糊過程中更均勻。若材料中同時有多種粉類，例如：麵粉、糖粉、泡打粉、小蘇打粉等，可以一起混合後再過篩，如此能使粉類更均勻散落於麵糊中。

量杯使用

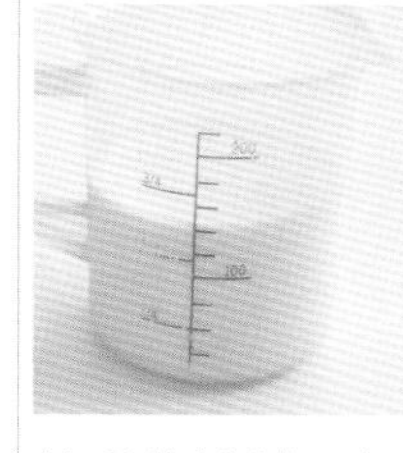

建議選購透明量杯，適合量取份量較多的液體，例如：水、鮮奶，秤量時需平視刻度，才不會因角度不同而誤判份量。

巧克力隔水融化

巧克力採隔水加熱融化成液態，利用一大一小的鋼盆操作，大的裝水後加熱至產生蒸氣後轉小火，再將裝盛巧克力的小鋼盆放於上端，待巧克力開始融化時再用木匙攪拌，待完全融化即可離火，才能和其他材料拌合。

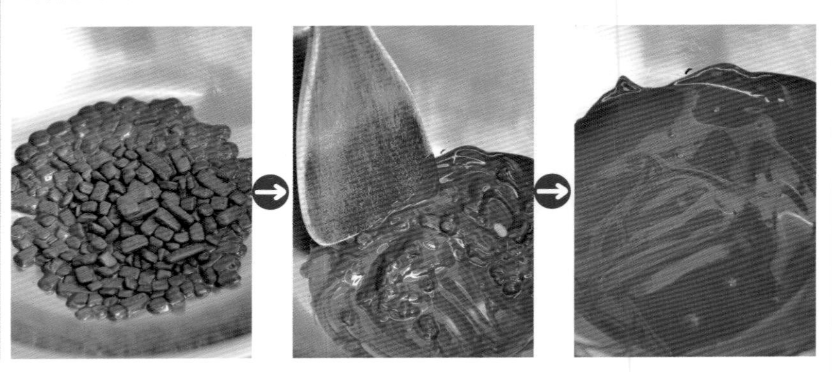

蛋白打發

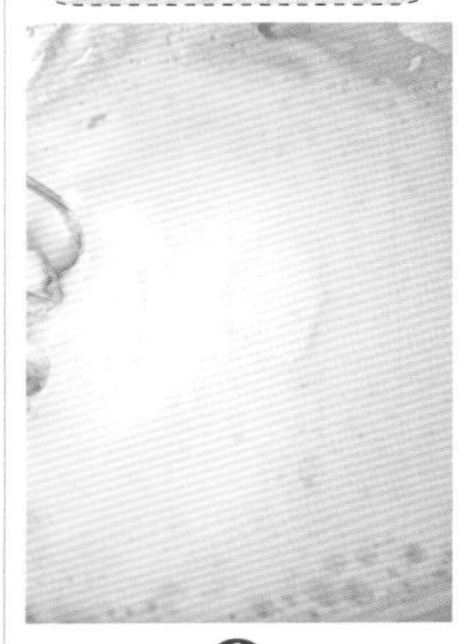

藉由蛋白打發產生膨鬆感，本書所使用打發蛋白為九分發，利用打蛋器拌打至蛋白起泡，再加入細砂糖打發，當蛋白糊組織可明顯看到紋路即可。當與麵糊混合拌勻時，請以切拌方式翻拌，可避免過度攪拌而導致消泡。

吉利丁片泡軟

使用於冷藏類的布丁或果凍，必需軟化後才能使用。方法是將吉利丁片剪半後泡入冷水中，浸泡3～5分鐘待軟後撈出，輕輕將水分擬乾再和其他材料拌合。

擠花袋用法

將欲裝盛蛋白霜、打發鮮奶油盛入擠花袋中，再以刮板協助刮出空氣，開口端繞於拇指上轉緊，尖端剪一個適宜的小洞即可進行裝飾。若需產生造型擠花，則應於填入拌好的材料前裝入擠花嘴。

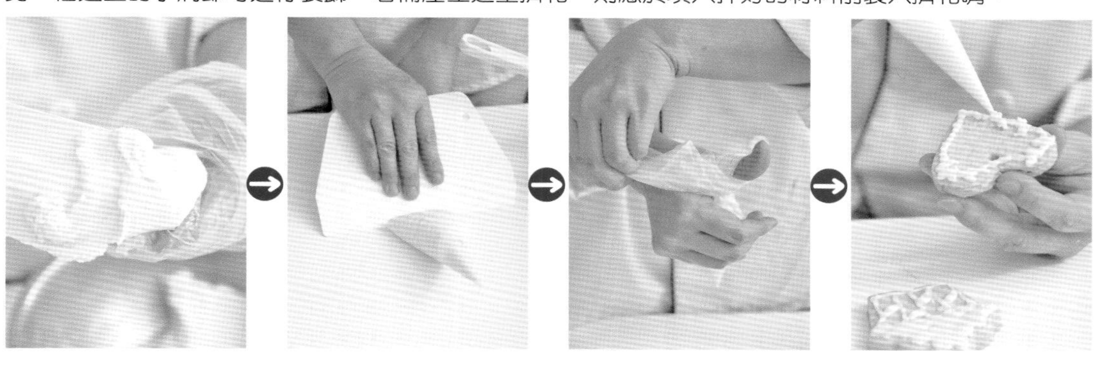

鮮奶油打發

鮮奶油除了加入蛋糕麵糊中外，打發後亦具有裝飾效果。建議選購帶有甜味的植物性鮮奶油，較好打發且紋路光滑細緻；避免過度攪打變成奶油塊，口感將變粗。夏天溫度高可於底下墊一盆冰水較容易打發。

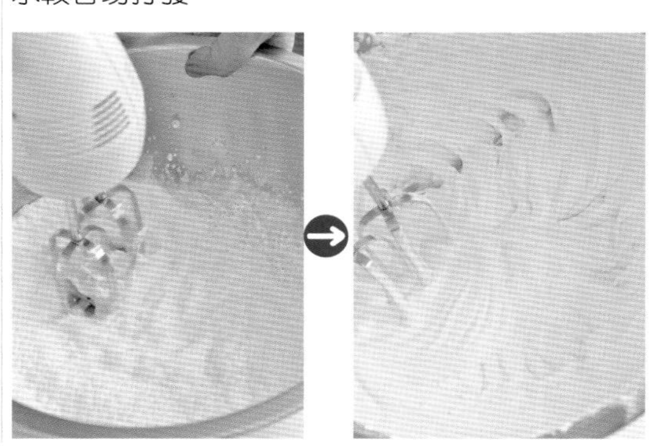

辨別蛋糕烤熟方法

NG　OK

要辨別瑪芬或磅蛋糕是否烤熟，除了可利用牙籤插入蛋糕體中央，若牙籤未沾麵糊表示已熟了；亦可由外觀審視，當表面自然裂開處已呈金黃色即可。右邊為烤熟，左邊為塌陷失敗狀況。

蛋糕模襯紙防沾 簡易版

利用鉛筆描出模具底部尺寸，依折痕剪裁，再放入模具內撐平即可。

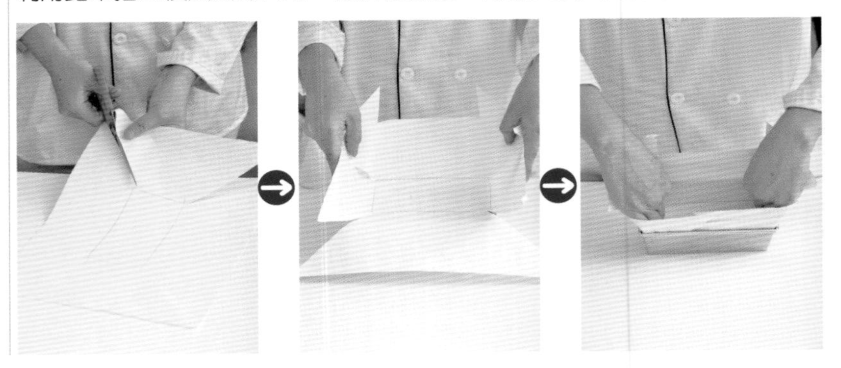

蛋糕模襯紙防沾 確實版

雖然烘焙材料行已能買到一次性的蛋糕紙模或鋁箔膜，但若長期購買將是一筆不小的開銷，故建議可以選擇一個長方形蛋糕模使用。為了容易脫模且防止烘烤後麵糊沾黏於模具四周內側，可以利用烘焙紙或白報紙襯於模具內。方法為利用鉛筆描出模具底部尺寸，依折痕剪裁，再放入模具內撐平即可。

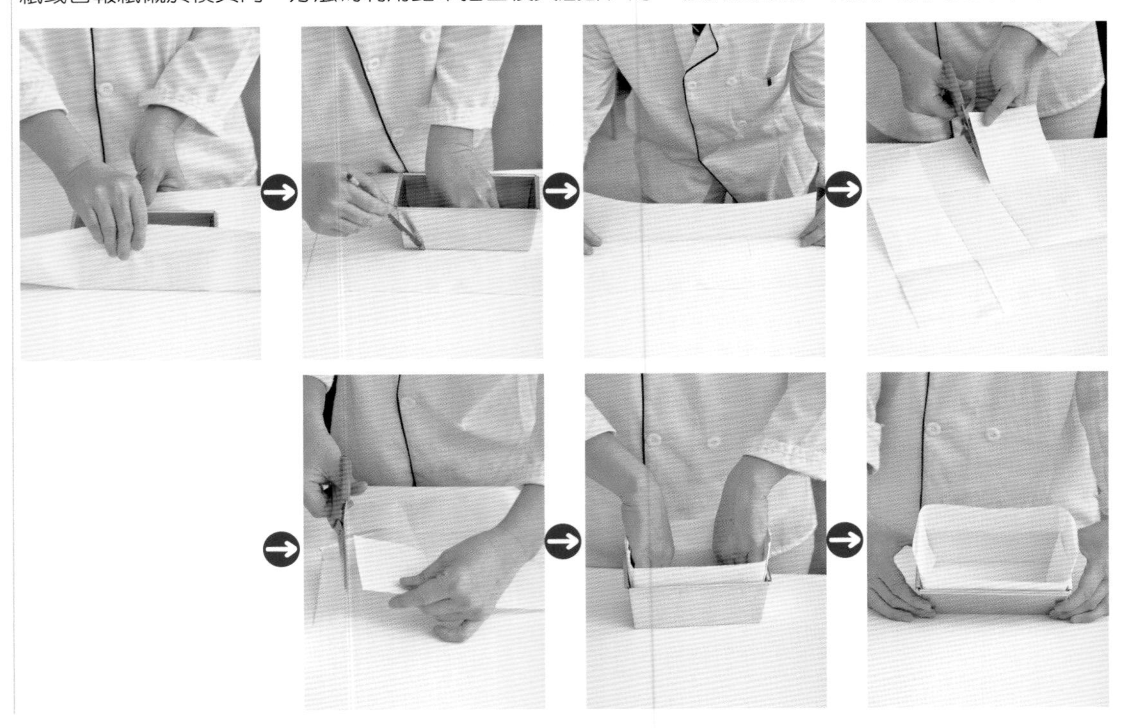

簡易包裝示範

包裝材料

美味的餅乾、巧克力、蛋糕送給親友時，該如何傳達心意呢？「包裝」即是非常重要的一件事，將糕點透過包裝，放入有質感的包裝盒、透明夾鏈袋或塑膠盒，再附上小卡片，綁上漂亮的緞帶，將為你的心意加分許多。平時可以到烘焙材料行、書店挑選適合的包裝物料；或將市售漂亮糕餅盒留下來，作為下次包裝的素材。

紙盒

司康、圓形或大尺寸的蛋糕類適合使用紙盒包裝，可依需要至烘焙材料行挑選方形、長方形或圓形的紙盒。

透明袋

透明袋是最實用的包裝素材，適合包少量的餅乾、司康、瑪芬、磅蛋糕、布丁，包好後封口用鐵線圈綁緊，再打上蝴蝶結；也可以挑選表面有圖案的夾鍊袋包裝，也非常漂亮。

塑膠盒＆塑膠罐

送禮的內容物較多且質感較易碎的糕餅，可以透過有蓋的塑膠盒、塑膠罐包裝，密封效果佳，能避免糕餅受潮。再打上一條緞帶，外層用包裝紙包覆即可。

紗網袋

紗網袋的質地柔軟，適合包裝少量的餅乾、巧克力，呈現和塑膠袋不同視覺的包裝法。

Part2

人氣手作。

餅乾

cookie

餅乾是學習烘焙的第一步，操作簡單且不需要太多器具即可完成。書中收錄多款零失敗的經典款：美式重巧克力餅乾、杏仁果醬奶酥、蛋白餅，和添加健康食材低脂餅乾：亞麻子、麥麩、紅麴等。

餅乾麵糰可以一次大量製作放冰箱冷凍保存，待想食用時再拿出來烘烤，放在密封盒中保存期長，經過包裝，將是送親朋好友以表達心意的最佳禮物。

糖霜餅乾

成品份量：直徑7公分25～30片
溫度/時間：上火 170℃、下火180℃/20分鐘
單一火候170℃/20～25分鐘
賞味期限：室溫30天

Ingredient

A
無鹽奶油225公克
細砂糖 75公克
蛋75公克

B
高筋麵粉360公克
低筋麵粉75公克

C
蛋白35公克
糖粉250公克
檸檬汁1/2大匙

Recipe

1 奶油待軟後切小塊，放入鋼盆打軟（圖1），加入細砂糖攪打至鬆發，顏色變白。

- 打發動作忌過頭，攪打至奶油糊顏色變白即可。

2 分次加入蛋拌勻（圖2、3），加入已過篩的材料B，以橡皮刮刀稍微翻拌（圖4），再用刮板以按壓的方式按壓均勻呈無粉粒的麵糰（圖5）。

- 粉類過篩，可以避免攪拌後的麵糊顆粒結塊；攪拌時間不可太久，以免麵糊出筋而影響組織和口感。
- 加入蛋攪拌時，待完全融合於奶油糊中，再加入蛋拌勻。
- 這道糖霜餅乾為基本款的糖油拌合法。

3 將麵糰放入塑膠袋，壓平（圖6），放入冰箱冷藏約1小時至硬。

- 冰過的麵糰方便後續桿壓動作，且預防沾黏。

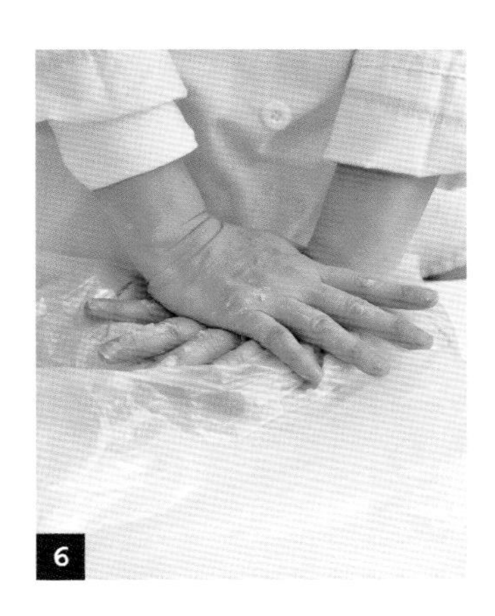

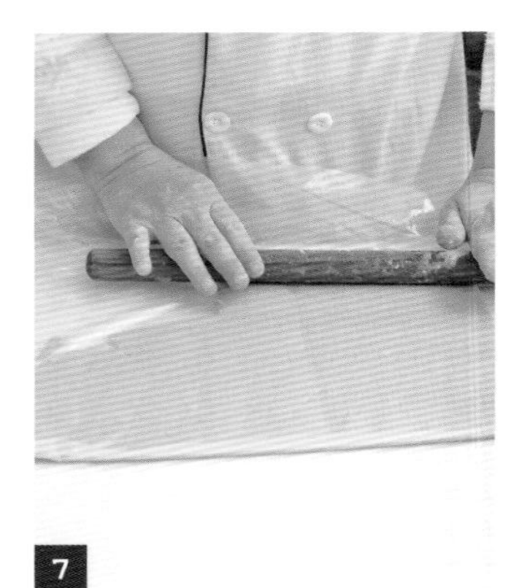
7

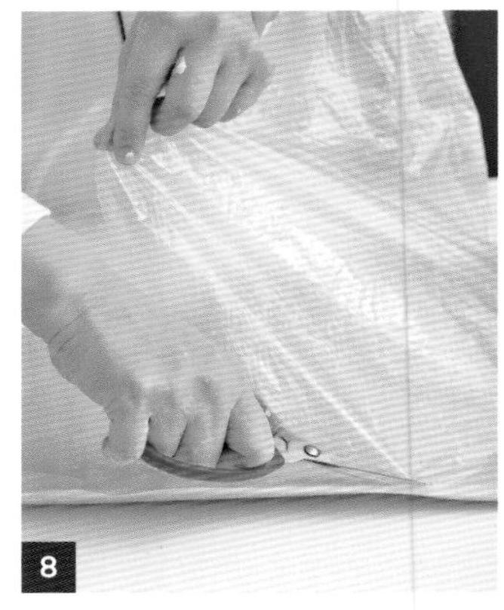
8

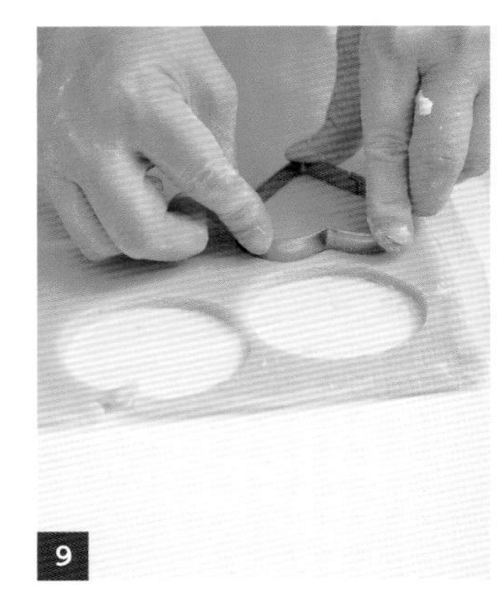
9

4　取出麵糰，桿平成厚度約0.5公分長方形（圖7），剪開塑膠袋（圖8），用模型壓出造型（圖9）。

・若要將麵皮桿成厚度一樣的麵皮，兩側可以架上厚薄一致的木條，再慢慢推桿。

5　輕輕拉起每片麵皮（圖10），間隔排入烤盤，用吸管在所需位置挖一個洞，待穿線或緞帶使用（圖11）。

・每片餅乾麵糰需間隔排入烤箱，保持一點空間，烘烤後膨脹才不會黏在一起。

・用吸管挖洞，可以方便穿繩子或緞帶。

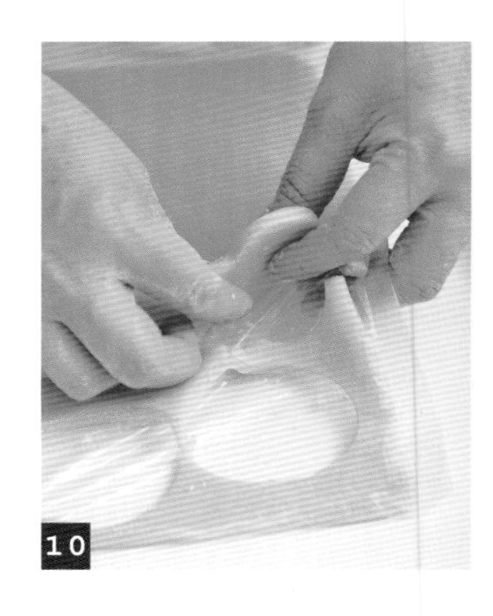
10

11

6 再放入烤箱，依照建議的溫度和時間烘烤至呈金黃色，取出待涼備用。

- 餅乾大小片關係著烤箱的烘烤溫度，請隨時觀看烤箱內部狀況。
- 餅乾需放至完全涼透再裝飾蛋白霜。

7 蛋白打起泡，慢慢加入糖粉打發，攪打至蛋白糊光滑（圖12），加入檸檬汁拌勻，再裝入擠花袋（圖13），以刮板刮出空氣（圖14），尖端剪一個適宜的小洞，開口端繞於拇指上轉緊（圖15）。

- 蛋白霜需用球狀打蛋器打發。
- 利用刮板將蛋白糊中的空氣刮出，可以在畫線條時更順手。
- 糖粉份量較多，需分次慢慢加入才能拌勻。

12

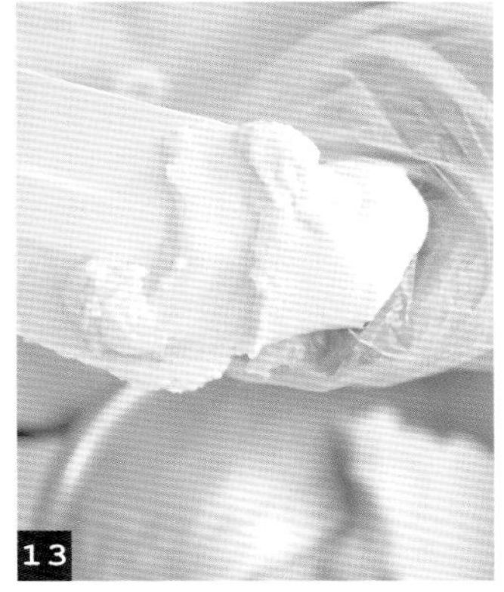
13

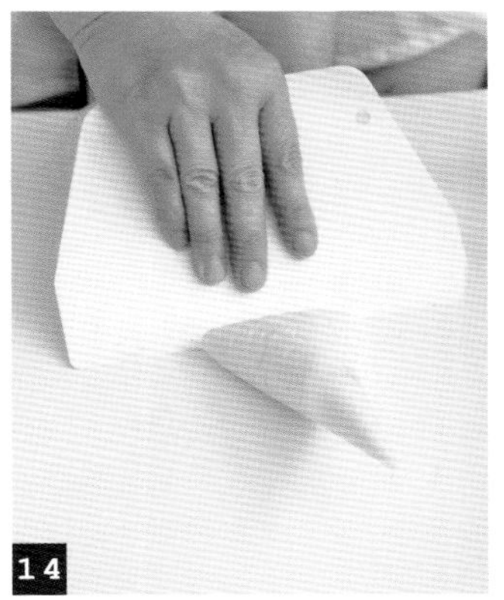
14

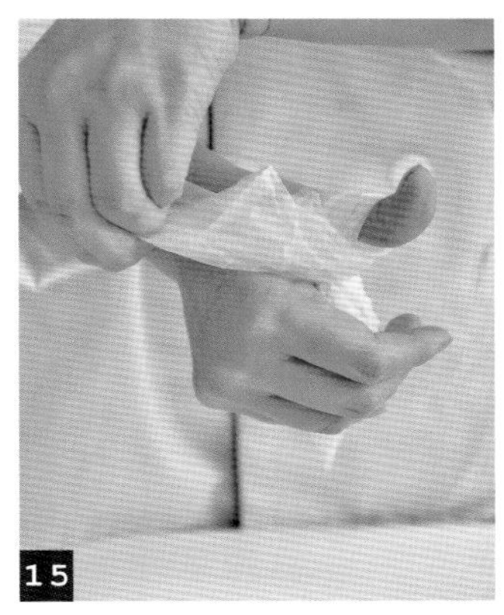
15

8 將蛋白霜擠在放涼的餅乾上，畫出喜歡的圖案（圖16），待蛋白霜乾硬，將緞帶穿入洞，打個結即可放入保鮮盒存放。

- 畫好的蛋白霜，可以自然風乾；亦可用吹風機或放入烤箱烘烤，將較快乾硬。

16

亞麻麥麩餅

成品份量：直徑4公分30片
溫度/時間：上火 160℃、下火140℃/20～25分鐘
單一火候150℃/20～25分鐘
賞味期限：室溫30天

Ingredient

A
無鹽奶油 90公克
糖粉35公克
蛋20公克

B
低筋麵粉115公克
麥麩15公克
亞麻子75公克

Recipe

1 奶油待軟後切小塊，放入鋼盆打軟，加入細砂糖攪打至鬆發，顏色變白。

2 分次加入蛋拌勻，加入已過篩的低筋麵粉，放入麥麩、25公克亞麻子，以橡皮刮刀稍微翻拌，再用刮板以按壓的方式按壓均勻呈無粉粒的麵糰。

3 將麵糰整型成直徑4公分的圓柱狀，外層沾裹一層剩餘的亞麻子，用A4紙捲成圓柱狀，放入冰箱冷藏約1小時至硬。

4 取出麵糰，每0.5公分切一段，間隔排入烤盤。

零失敗 ***Tips***
若擔心亞麻子不容易沾黏，可先於麵糰表面塗上一層蛋白或水，幫助沾黏。

5 再放入烤箱，依照建議的溫度和時間烘烤至呈金黃色即可取出。

紅麴杏仁瓦片

成品份量：直徑6公分35～40片
溫度/時間：上火 140℃、下火140℃/20分鐘
　　　　　單一火候140℃/20分鐘
賞味期限：室溫30天

Ingredient

A
無鹽奶油30公克

B
糖粉100公克
玉米粉 8公克
低筋麵粉48公克
紅麴粉10公克

C
蛋3個
杏仁片100公克

Recipe

1. 奶油隔水加熱融化成液體；材料B一起混合過篩，備用。
2. 將蛋打散，加入過篩的粉類混合拌勻，再加入融化奶油液，用打蛋器拌勻至無顆粒麵糊。
3. 加入杏仁片拌勻，用刮刀輕輕翻拌均勻，可放置30～60分鐘使杏仁片吸入蛋液備用。
4. 烤盤鋪上烤盤布，用湯匙挖1大匙麵糊，攤平於烤盤上，用叉子輕壓整平。
5. 再放入烤箱，依照建議的溫度和時間，烘烤至上色，即可取出。

零失敗 *Tips*

低溫烘烤紅麴杏仁瓦片較不易失敗；烤至上色的瓦片可先取出，或中途將烤盤調頭，讓瓦片受熱均勻且色澤均勻。

加入杏仁片時，勿用打蛋器攪拌，以保持杏仁片完整性。

幸運籤餅

成品份量：直徑7公分15片

溫度/時間：上火 160℃、下火140℃/15分鐘

單一火候150℃/15分鐘

賞味期限：室溫30天

Ingredient

A

無鹽奶油45公克

B

蛋白100公克

糖粉75公克

低筋麵粉75公克

Recipe

1 奶油隔水加熱融化成液體；糖粉、低筋麵粉一起混合過篩，備用。

2 蛋白打起泡，加入已過篩的糖粉、低筋麵粉翻拌均勻，加入融化奶油液，攪打至無粉粒的麵糊。

3 烤盤鋪一張烤盤紙，用湯匙挖1大匙麵糊於烤盤上（圖1），用湯匙背將麵糊抹平，再放入烤箱，依照建議的溫度和時間，烘烤至呈金黃色即可。

4 雙手戴上棉質手套，趁熱拿起1片餅乾對摺（圖2），並從凹處往中間靠攏，即成幸運餅狀（圖3）。

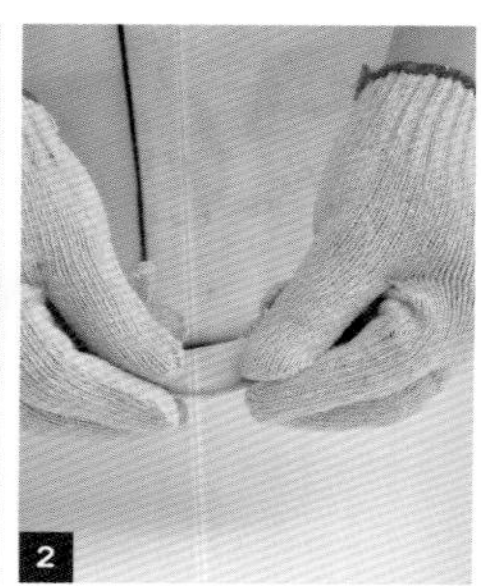

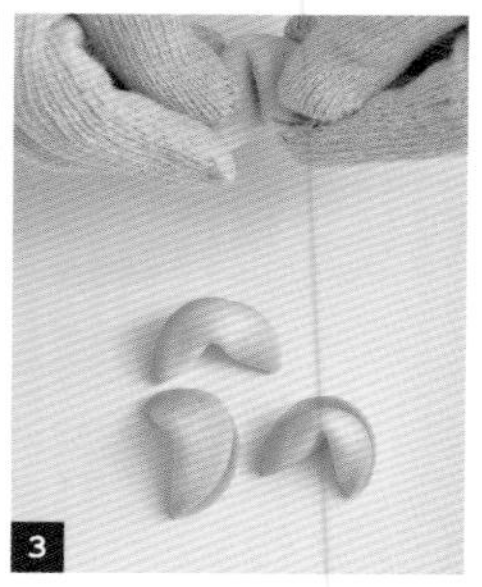

零失敗 *Tips*

需趁餅乾有溫度時盡快操作折法，若溫度不足，會容易破且不好折。

麵糊需薄且平均，烘烤過後顏色均勻且較易捲起。

可捲成幸運籤餅狀，初學者建議捲成長形菸卷狀較易成功。

初學者可以購買耐熱矽膠模，再鋪於烤盤，接著再舀入麵糊，可讓餅乾形狀更圓。

蛋白餅

成品份量：直徑 3公分30片
溫度/時間：上火 90℃、下火90℃/50～60分鐘
單一火候90℃/50～60分鐘
賞味期限：室溫20天

Ingredient

A
蛋白50公克
細砂糖35公克

B
糖粉40公克
椰子粉25公克
杏仁粉15公克

Recipe

1 蛋白用打蛋器打起泡，加入細砂糖，攪打至9分發，蛋白糊組織可明顯看到紋路即可。

2 加入糖粉、椰子粉、過篩的杏仁粉，用橡皮刮刀以切拌方式混合均勻至無粉粒狀態即為麵糊。

3 擠花袋套上擠花嘴，再裝入麵糊，間隔擠出所需的形狀於烤盤上（可擠長條或水滴狀）。

4 將已用上火110℃、下火110℃預熱完成的烤箱，降溫至上火90℃、下火90℃，烘烤至底部乾燥凝固即可。

零失敗 *Tips*

作法2以切拌方式拌麵糊，可避免過度攪拌而導致消泡。

烘烤溫度忌過高，否則餅乾表面容易產生龜裂。

美式重巧克力餅乾

成品份量：直徑 5公分35片
溫度/時間：上火 170℃、下火170℃/18分鐘
單一火候170℃/18分鐘
賞味期限：室溫20天/冷藏45天

Ingredient

A
無鹽奶油170公克
細砂糖80公克
蛋50公克

B
低筋麵粉160公克
可可粉30公克
泡打粉4公克

C
鹽2公克
耐烤巧克力豆150公克

Recipe

1 奶油切小塊，和細砂糖、蛋放入鋼盆打發至組織呈絨毛狀。

2 加入過篩的材料B、鹽拌勻，再加入耐烤巧克力豆拌勻為巧克力麵糰。

3 用湯匙取適量，間隔排列於烤盤上，放入烤箱，依照建議的溫度和時間烘烤至熟即可取出。

零失敗 *Tips*

奶油糊可以完全打發，讓餅乾口感較酥鬆。

耐烤巧克力豆烘烤後不會融化，可於品嚐時增加層次感。

鑽石餅乾

成品份量：直徑5公分25片
溫度/時間：上火 170℃、下火170℃/15分鐘
單一火候170℃/15分鐘
賞味期限：室溫30天/冷藏45天

Ingredient

A
無鹽奶油105公克
糖粉60公克
鹽2公克
蛋黃15公克

B
低筋麵粉125公克
無糖可可粉25公克

C
耐烤巧克力豆15公克
粗白砂糖適量

1

2

3

Recipe

1. 奶油待軟後切小塊，放入鋼盆打軟，加入細砂糖、鹽攪打至鬆發，顏色變白即可。
2. 分次加入蛋黃拌勻，加入已過篩的材料B、耐烤巧克力豆，以橡皮刮刀稍微翻拌，再用刮板以按壓的方式按壓均勻呈無粉粒的麵糰，用手整型成圓柱狀。
3. 粗白砂糖鋪於烘焙紙上，將圓柱麵糰放在粗白砂糖上，用滾的沾裹一層粗白砂糖（圖1），再用1張A4紙捲起包裹，放入冰箱冷藏約1小時至硬。
4. 取出冰硬的麵糰於砧板上，切成厚度0.5公分厚度的片狀（圖2），間隔排入烤盤，利用手掌在四周的圓邊稍微壓平（圖3）。
5. 再放入烤箱，依照建議的溫度和時間烘烤至熟，取出。

零失敗 *Tips*

沾裹粗白砂糖的麵糰可以用烘焙紙包裹好，冷凍可保存1個月，要食用前再切片烘烤即可。

葛雷特

成品份量：長4×寬 4×高2公分8個
溫度/時間：上火 170℃、下火170℃/15分鐘
單一火候180℃/15分鐘
賞味期限：室溫20天

Ingredient

A

無鹽奶油110公克
糖粉50公克
蛋白15公克

B

低筋麵粉135公克
杏仁粉55公克

C

即溶咖啡粉10公克
熱水10公克
蛋黃15公克

Recipe

1 將咖啡粉、熱水拌勻後放涼，加入蛋黃拌勻為蛋黃咖啡液備用。

2 奶油待軟後切小塊，放入鋼盆打軟，加入糖粉攪打至鬆發，顏色變白。

3 加入蛋白拌勻，加入已過篩的材料B，以橡皮刮刀稍微翻拌，再用刮板以按壓的方式按壓均勻呈無粉粒的麵糰。

4 將麵糰放入塑膠袋，壓平，放入冰箱冷藏約1小時至硬。

5 取出麵糰，桿平成厚度約1.5公分正方形，剪開塑膠袋，用空心方模壓出數個麵皮（圖1、2），連壓模一起間隔排入烤盤，表面均勻刷上蛋黃咖啡液（圖3），用叉子交錯壓出淺淺紋路（圖4）。

6 再放入烤箱，將已用上火190℃、下火190℃預熱完成的烤箱，降溫至上火170℃、下火170℃，烘烤至表面呈金黃色，即可取出脫模。

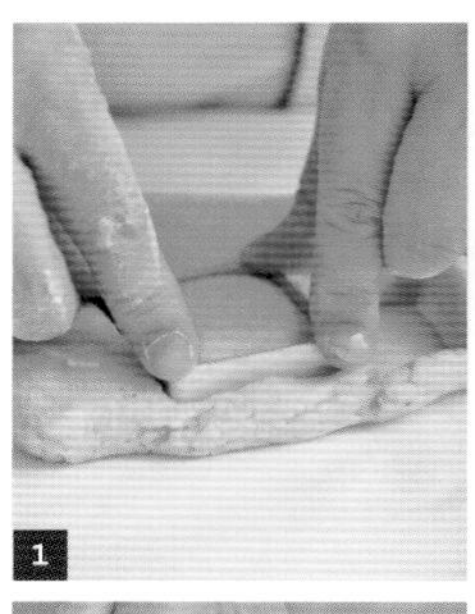
1

3

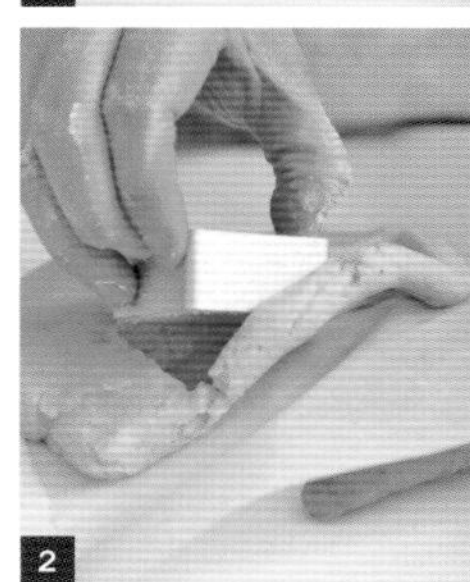
2

4

零失敗 *Tips*

利用壓模套住麵糰，在烘烤時可以維持形狀，烘烤完成後趁熱脫模。

巧克力雪球

成品份量：直徑2.5公分35個
溫度/時間：上火 150℃、下火150℃/25分鐘
單一火候150℃/25分鐘
賞味期限：室溫30天/冷藏40天

Ingredient

A
無鹽奶油 125公克
糖粉35公克

B
低筋麵粉190公克
可可粉30公克

C
防潮可可粉50公克
糖粉30公克

Recipe

1 奶油待軟後切小塊，放入鋼盆打軟，加入糖粉攪打至鬆發，顏色變白。

2 加入已過篩的材料B，以橡皮刮刀稍微翻拌，再用刮板以按壓的方式按壓均勻呈無粉粒的麵糰。

3 將麵糰整型成長條，切成每個約10公克小麵糰，搓成圓球，間隔排入烤盤。

4 再放入烤箱，依照建議的溫度和時間烘烤至熟，取出待涼備用。

5 材料C放入塑膠袋，將烤好的巧克力雪球放入塑膠袋內，均勻沾裹一層可可粉，取出即完成。

零失敗 ***Tips***

作法1勿打發過頭，否則拌好的麵糰，經過烘烤後容易碎。

海苔芝麻餅乾

成品份量：長7×寬3×高0.5公分25片
溫度/時間：上火 160℃、下火150℃/18～20分鐘
單一火候160℃/18分鐘
賞味期限：室溫30天

Ingredient

A
無鹽奶油100公克
鹽3公克
鮮奶60cc

B
低筋麵粉200公克
黑芝麻30公克
海苔粉4公克

Recipe

1 奶油待軟後切小塊，放入鋼盆打軟，加入鹽攪打至鬆發，顏色變白。

2 分次加入鮮奶拌勻，加入已過篩的低筋麵粉、其他材料B，以橡皮刮刀稍微翻拌，再用刮板以按壓的方式，按壓均勻至呈無粉粒的麵糰。

3 再放入塑膠袋，壓平，放入冰箱冷藏約1小時至硬。

4 取出麵糰，桿平成厚度約0.5公分長方形，剪開塑膠袋，切成長條，間隔排入烤盤，用叉子在麵糰表面插數個洞。

5 再放入烤箱，依照建議的溫度和時間烘烤至呈金黃色，取出即可。

杏仁果醬奶酥

成品份量：直徑3公分50片
溫度/時間：上火 160℃、下火150℃/20分鐘
單一火候150℃/25分鐘
賞味期限：室溫30天

Ingredient

A
無鹽奶油90公克
白油90公克
糖粉100公克
蛋60公克

B
低筋麵粉300公克
杏仁粉30公克
泡打粉1公克

C
果醬100公克

Recipe

1 奶油待軟後切小塊，放入鋼盆，放入白油一起打軟，加入糖粉攪打至鬆發，顏色變白。

2 分次加入蛋拌勻，加入已過篩的材料B，以橡皮刮刀稍微翻拌，再用刮板以按壓的方式按壓均勻呈無粉粒的麵糰。

3 將麵糰整型成長條（圖1），分切成每個約12公克小麵糰（圖2），搓成圓球，間隔排入烤盤，用筷子在所需位置輕輕轉出一個洞（圖3）。

4 將果醬裝入擠花袋，用刮板刮平，尖端剪一個適宜的洞，開口處轉緊，在餅乾中心擠入適量果醬（圖4）。

5 再放入烤箱，依照建議的溫度和時間烘烤至呈金黃色，取出即可。

1 2 3 4

零失敗 *Tips*

若麵糰太濕，可酌量加入低筋麵粉翻拌至不黏手即可。

若用手指頭壓洞時，需垂直壓下，讓餅乾凹洞明顯。

若沒有杏仁粉，可以低筋麵粉替代。

果醬需選用濃稠狀，若太稀烘烤過程中，果醬經加熱滾沸易溢出，破壞餅乾美感。

咖哩黑胡椒餅乾

成品份量：直徑5公分28片
溫度/時間：上火 170℃、下火160℃/20分鐘
單一火候160℃/20分鐘
賞味期限：室溫30天/冷藏45天

Ingredient

A
無鹽奶油100公克
糖粉70公克
蛋白60公克
鮮奶20公克

B
低筋麵粉300公克
咖哩粉20公克

C
白胡椒粉1/4大匙
黑芝麻2大匙

Recipe

1. 奶油待軟後切小塊，放入鋼盆打軟，加入糖粉攪打至鬆發，顏色變白。
2. 分次加入蛋白拌勻，再倒入鮮奶拌勻，加入已過篩的材料B，放入材料C，以橡皮刮刀稍微翻拌，再用刮板以按壓的方式按壓均勻呈無粉粒的麵糰。
3. 再分成每個約15公克小麵糰，揉圓，間隔排入烤盤，用手掌稍微壓平。
4. 再放入烤箱，依照建議的溫度和時間烘烤至呈金黃色，取出即可。

零失敗 *Tips*

咖哩粉需選擇細粉狀，較容易和麵糰拌均勻；若太粗，則烘烤後會有黑點浮現出來，而影響餅乾外觀。

蔥花香餅

成品份量：長 7×寬3.5×厚0.5公分20 片
溫度/時間：上火 170℃、下火170℃/15分鐘
單一火候170℃/15分鐘
賞味期限：室溫30天/冷藏45天

Ingredient

A
低筋麵粉200公克
無水奶油40公克
鹽4公克

B
水40公克
乾燥蔥末12公克

Recipe

1 過篩的低筋麵粉放入鋼盆，加入無水奶油、鹽，用手撥弄鬆散狀。

2 加入材料B混合拌勻，讓麵糰變成耳根的軟硬度，再放入塑膠袋，壓平，放入冰箱冷藏約1小時至硬。

3 取出麵糰，桿平成厚度約0.5公分長方形，剪開塑膠袋，切成長條，間隔排入烤盤，用叉子在麵糰表面插數個洞。

4 再放入烤箱，依照建議的溫度和時間烘烤至呈金黃色，取出即可。

零失敗 *Tips*
乾燥蔥末可至烘焙材料行購買，或以新鮮蔥末，採低溫烤乾即可使用。

菠菜全麥餅乾

成品份量：直徑5公分25片
溫度/時間：上火 150℃、下火160℃/25分鐘
單一火候160℃/25分鐘
賞味期限：室溫20天/冷藏30天

Ingredient

A
無鹽奶油90公克
蛋40公克

B
全麥麵粉200公克
新鮮菠菜70公克
黑胡椒粒1小匙
杏仁角30公克
鹽1/2小匙
香菇調味粉1/2小匙

Recipe

1 菠菜放入滾水汆燙，撈起，擰乾水分後切碎。

2 奶油待軟後切小塊，放入鋼盆攪打至鬆發，顏色變白即可。

3 加入蛋拌勻，加入已過篩的全麥麵粉（圖1），放入其他材料B，以橡皮刮刀稍微翻拌，再用刮板以按壓的方式按壓均勻呈無粉粒的麵糰（圖2）。

4 分成每個約15公克小麵糰，揉圓，間隔排入烤盤，用手掌稍微壓平，取一支叉子在麵糰表面插數個洞備用（圖3）。

5 再放入烤箱，依照建議的溫度和時間烘烤至呈金黃色，取出即可。

1

2

3

零失敗 *Tips*

汆燙後的菠菜需將水分擰乾，不易出水較好操作。

若麵糰太乾，則加入適量鮮奶；若太濕，則加入適量全麥麵粉拌勻。

Part3

奶香討喜。

瑪芬＆磅蛋糕

muffin cake
& pound cake

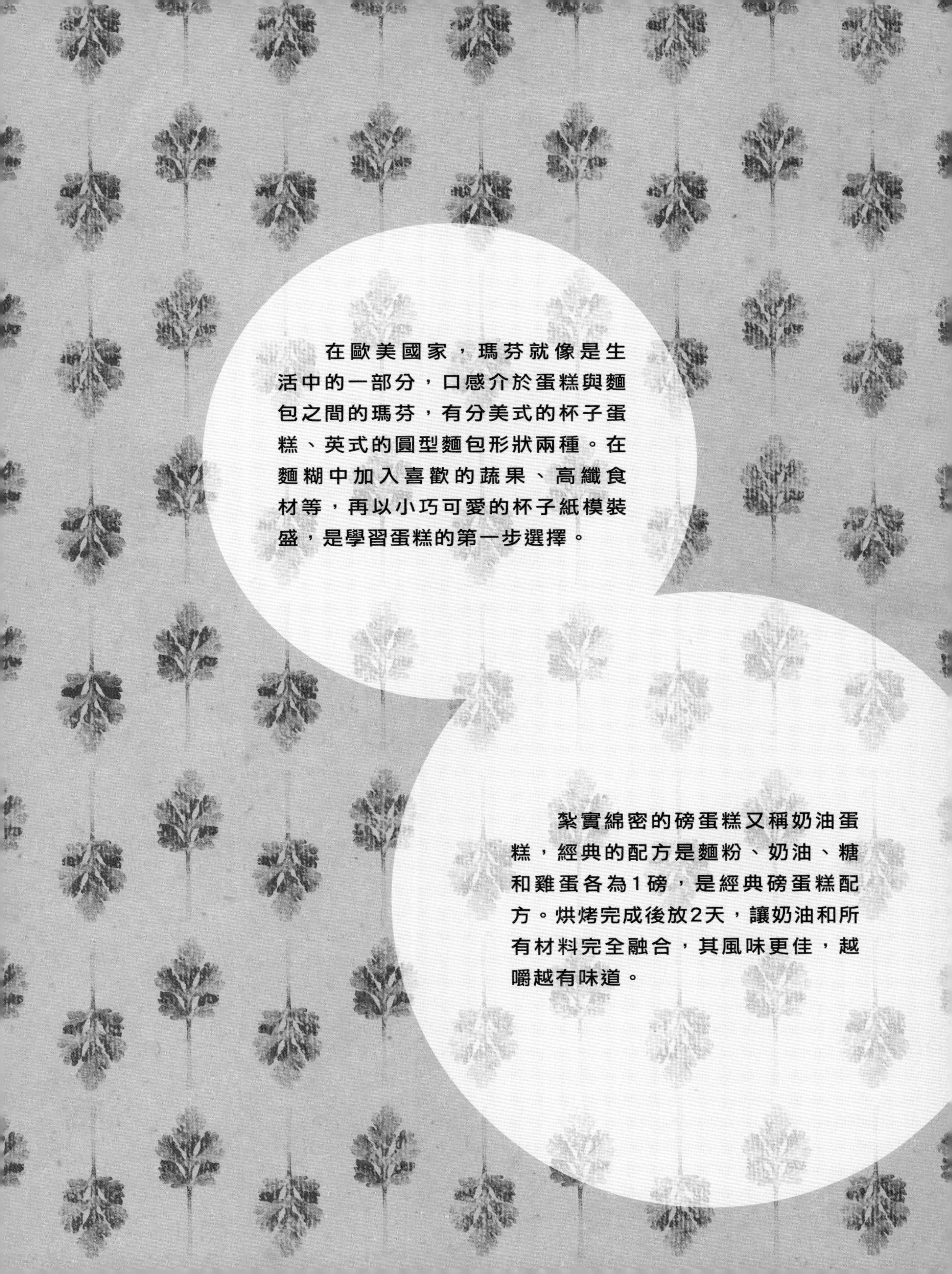

在歐美國家，瑪芬就像是生活中的一部分，口感介於蛋糕與麵包之間的瑪芬，有分美式的杯子蛋糕、英式的圓型麵包形狀兩種。在麵糊中加入喜歡的蔬果、高纖食材等，再以小巧可愛的杯子紙模裝盛，是學習蛋糕的第一步選擇。

紮實綿密的磅蛋糕又稱奶油蛋糕，經典的配方是麵粉、奶油、糖和雞蛋各為1磅，是經典磅蛋糕配方。烘烤完成後放2天，讓奶油和所有材料完全融合，其風味更佳，越嚼越有味道。

香蕉核桃瑪芬

成品份量：直徑 5公分紙模15個
溫度/時間：上火 170℃、下火170℃/20～25分鐘
單一火候170℃/25分鐘
賞味期限：室溫3天/冷藏7天

Recipe

1　奶油切小塊，和細砂糖、鹽放入鋼盆，用漿狀攪拌器稍微打發至變白（圖1）。

- 細砂糖和鹽需均勻撒於奶油塊，讓打發狀態更佳且味道更均勻。
- 奶油不需打太發，否則烘烤完成的蛋糕容易鬆軟塌陷。

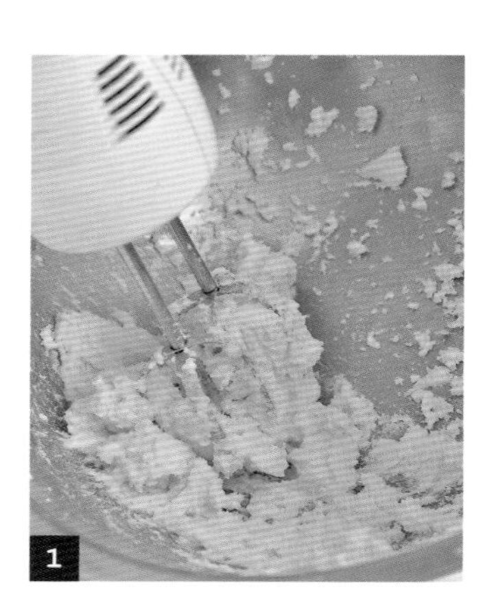

Ingredient

A
無鹽奶油220公克
細砂糖150公克
鹽3公克
蛋80公克

B
低筋麵粉330公克
泡打粉2公克
小蘇打粉3公克

C
香蕉5條
核桃仁100公克

2　蛋分次加入作法1，繼續拌勻至完全打發，組織呈絨毛狀即為奶油蛋糊（圖2、3）。

- 蛋分次加入可以讓蛋液完全融於奶油蛋糊中，可避免油水分離狀況。

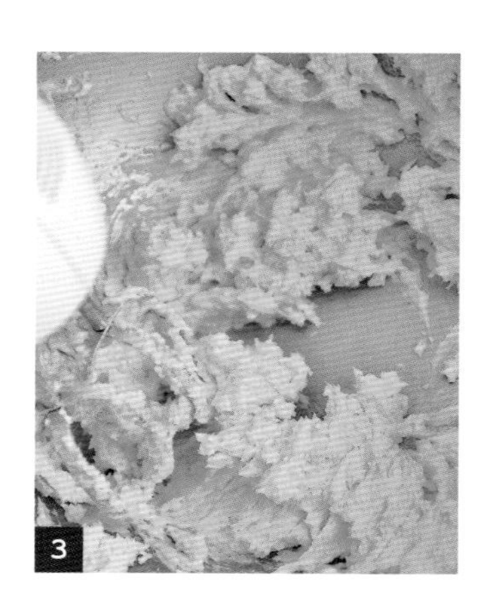

3 低筋麵粉、泡打粉、小蘇打粉混合後一起過篩於奶油蛋糊中，改慢速攪拌至完全均勻，再換橡皮刮刀將鋼盆四周麵糊往盆中心翻拌至無顆粒狀即為麵糊（圖4、5）。

- 粉類經過過篩，可以避免攪拌後的麵糊顆粒結塊。
- 攪拌時時間不可太久，以免麵糊出筋而影響組織和口感。
- 泡打粉、小蘇打粉份量微量，建議使用量匙或可秤量至0.1公克的電子秤較為準確。

4

5

4 香蕉去皮後切段，用木匙壓成香蕉泥，保留部分呈小塊狀，再加入麵糊中，以慢速攪拌均勻（圖6、7）。

- 選購較熟的香蕉會較香甜。
- 也可以用飯匙背壓香蕉果肉，保留些許塊狀，可豐富口感。

6

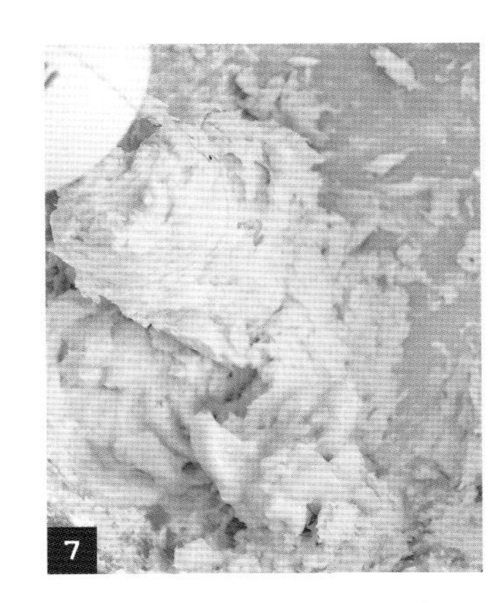
7

5 將麵糊裝入擠花袋，用刮板刮平，尖端剪一個適宜的洞，開口處轉緊，再慢慢擠入紙杯中約7～8分滿（圖8）。

- 利用擠花袋擠麵糊，可以讓烘烤出來的蛋糕更美觀；亦可使用冰淇淋勺或湯匙挖麵糊至紙杯中。

6 核桃仁切小丁，取適量均勻撒於麵糊上，再放入烤箱，依照建議的溫度和時間，烘烤至麵糊膨脹且呈金黃色即可取出（圖9）。

- 可利用牙籤插入蛋糕體中央，若牙籤未沾麵糊表示已熟了。
- 烘焙材料行有販售已切小丁的核桃仁可挑選。

8

9

玉米杏仁瑪芬

成品份量：直徑6公分紙模10個
溫度/時間：上火180℃、下火180℃/40分鐘
單一火候180℃/40分鐘
賞味期限：室溫3天/冷藏7天

Ingredient

A
無鹽奶油100公克
糖粉100公克
蛋黃40公克
蛋25公克

B
杏仁粉110公克
低筋麵粉75公克

C
蛋白70公克
細砂糖25公克

D
玉米粒60公克

Recipe

1 奶油切小塊，和糖粉放入鋼盆，稍微打發至變白。

2 分次加入已混合拌勻的蛋黃、蛋，繼續拌勻至完全打發。

3 再加入過篩的杏仁粉、低筋麵粉，攪拌至看不見粉粒即為麵糊。

4 蛋白攪打至起泡，加入細砂糖，攪打至9分發即可。

5 取1/3份量蛋白糊和作法1混合拌勻，再倒入剩餘蛋白糊中輕輕翻拌均勻為麵糊。

6 將麵糊裝入擠花袋，用刮板刮平，尖端剪一個適宜的洞，開口處轉緊，再慢慢擠入紙杯中約7～8分滿。

7 取玉米粒均勻撒於麵糊上，再放入烤箱，依照建議的溫度和時間，烘烤至麵糊膨脹且呈金黃色即可取出。

零失敗 *Tips*
玉米粒可撒一些高筋麵粉裹於表面，較不易沉入麵糊中。

酒香蜜橘瑪芬

成品份量：直徑6公分紙模12個
溫度/時間：上火175℃、下火175℃/35分鐘
單一火候175℃/35分鐘
賞味期限：室溫3天/冷藏7天

Ingredient

A
無鹽奶油160公克
糖粉60公克
蛋黃110公克

B
中筋麵粉135公克
泡打粉2公克

C
蛋白130公克
細砂糖80公克

D
蜜糖橘皮150公克
柑橘白蘭地酒20公克

零失敗 ***Tips***
利用一次性紙模裝盛較方便；若太薄，可以套上兩個，以防麵糊太濕而滲出。

Recipe

1. 奶油切小塊，和糖粉放入鋼盆，稍微打發至變白。
2. 分次加入蛋黃繼續拌勻至完全打發。
3. 再加入過篩的中筋麵粉、泡打粉，攪拌至看不見粉粒即為麵糊。
4. 蛋白打至起泡，加入細砂糖打至9分發即可。
5. 取1/3份量蛋白糊和作法1混合拌勻，再倒入剩餘蛋白糊中輕輕翻拌均勻，再加入材料D輕輕拌勻。
6. 將麵糊裝入擠花袋，用刮板刮平，尖端剪一個適宜的洞，開口處轉緊，再慢慢擠入紙杯中約7～8分滿。
7. 再放入烤箱，依照建議的溫度和時間，烘烤至麵糊膨脹且呈金黃色即可取出。

蘋果優格瑪芬

成品份量：直徑6公分紙模8個
溫度/時間：上火180℃、下火160℃/40分鐘
　　　　　單一火候170℃/40分鐘
賞味期限：室溫3天/冷藏7天

Ingredient

A
無鹽奶油100公克
糖粉70公克
蛋100公克

B
中筋麵粉100公克
泡打粉2公克

C
優格30公克
蘋果丁60公克

Recipe

1. 奶油切小塊，和糖粉放入鋼盆，稍微打發至變白。
2. 分次加入蛋，繼續拌勻至完全打發。
3. 再加入過篩的中筋麵粉、泡打粉，攪拌至看不見粉粒，再加入材料C輕輕翻拌均勻為麵糊。
4. 將麵糊裝入擠花袋，用刮板刮平，尖端剪一個適宜的洞，開口處轉緊，再慢慢擠入紙杯中約7～8分滿即可。
5. 再放入烤箱，依照建議的溫度和時間，烘烤至麵糊膨脹且呈金黃色即可取出。

零失敗 *Tips*
蘋果丁可用平底鍋加少許奶油炒過，烘烤時較不易出水。

金橘酒香瑪芬

成品份量：直徑6公分紙模16個
溫度/時間：上火180℃、下火160℃/40分鐘
單一火候170℃/40分鐘
賞味期限：室溫3天/冷藏7天

Ingredient

A
無鹽奶油200公克
糖粉130公克
蛋250公克

B
中筋麵粉200公克
泡打粉4公克

C
蜜金橘130公克
香橙酒20公克

Recipe

1 蜜金橘切細丁，留約5粒切片裝飾；奶油切小塊，和糖粉放入鋼盆，稍微打發至變白。

2 分次加入蛋，繼續拌勻至完全打發。

3 再加入過篩的中筋麵粉、泡打粉，攪拌至看不見粉粒，再加入蜜金橘丁、香橙酒，輕輕翻拌均勻即為麵糊。

4 將麵糊裝入擠花袋，用刮板刮平，尖端剪一個適宜的洞，開口處轉緊，再慢慢擠入紙杯中約7～8分滿即可。

5 表面以金橘片裝飾，再放入烤箱，依照建議的溫度和時間，烘烤至麵糊膨脹且呈金黃色即可取出。

芒果優格瑪芬

成品份量：直徑6公分紙模8個
溫度/時間：上火180℃、下火160℃/40分鐘
單一火候170℃/40分鐘
賞味期限：室溫3天/冷藏7天

Ingredient

A
無鹽奶油100公克
糖粉70公克
蛋100公克

B
中筋麵粉100公克
泡打粉2公克

C
優格30公克
芒果丁60公克

Recipe

1. 奶油切小塊，和糖粉放入鋼盆，稍微打發至變白。
2. 分次加入蛋，繼續拌勻至完全打發。
3. 再加入過篩的中筋麵粉、泡打粉，攪拌至看不見粉粒，再加入材料C輕輕翻拌均勻為麵糊。
4. 將麵糊裝入擠花袋，用刮板刮平，尖端剪一個適宜的洞，開口處轉緊，再慢慢擠入紙杯中約7～8分滿即可。
5. 再放入烤箱，依照建議的溫度和時間，烘烤至麵糊膨脹且呈金黃色即可取出。

零失敗 ***Tips***

芒果丁可用平底鍋加少許奶油、糖、檸檬汁炒過，烘烤後不易出水且增加香氣。

鳳梨磅蛋糕

成品份量：直徑4公分紙模35個
溫度/時間：上火180℃、下火180℃/45～50分鐘
單一火候180℃/45～50分鐘
賞味期限：室溫3天/冷藏7天

Ingredient

A
細砂糖50公克
鳳梨150公克
水50公克

B
無鹽奶油50公克
細砂糖50公克
蛋50公克

C
低筋麵粉50公克
泡打粉2公克

D
鮮奶25公克
鳳梨汁5cc

Recipe

1. 鳳梨去皮及芯，切小塊，加入其他材料A，煮至鳳梨軟後熄火備用。
2. 奶油切小塊，和細砂糖放入鋼盆，稍微打發至變白，分次加入蛋，繼續拌勻至完全打發。
3. 再加入過篩的材料C，攪拌至看不見粉粒，再加入材料D輕輕翻拌均勻為麵糊。
4. 將麵糊裝入擠花袋，用刮板刮平，尖端剪一個適宜的洞，開口處轉緊，再慢慢擠入紙杯中約7～8分滿，表面擺上鳳梨丁。
5. 再放入烤箱，依照建議的溫度和時間，烘烤至麵糊膨脹且呈金黃色即可取出。

零失敗 ***Tips***
這道磅蛋糕用小尺寸紙模裝盛很討喜，也可以將麵糊改填入長條蛋糕模。

紅酒桂圓磅蛋糕

成品份量：長18.5×寬9×高7公分蛋糕模2個
溫度/時間：上火180℃、下火180℃/45～50分鐘
單一火候180℃/45～50分鐘
賞味期限：室溫3天/冷藏7天

Ingredient

A
桂圓肉150公克
棗泥50公克
細砂糖125公克
蛋50公克

B
沙拉油60公克
鮮奶90公克

C
中筋麵粉150公克
泡打粉5公克

Recipe

1 將2個蛋糕模先用烘焙紙圍邊當襯底，利用鉛筆描出模具底部尺寸，依折痕剪裁，再放入模具內撐平即可。（圖1、2、3）。

- 為了讓蛋糕容易脫模，且防止烘烤後麵糊沾黏於模具四周內側，可以利用烘焙紙或白報紙襯於模具內。

2 桂圓洗淨後放入鋼盆，加入其他材料A，用打蛋器攪拌均勻。

- 桂圓肉洗過後較不易有細殼殘留，且拭乾水分，可避免麵糊產生過多水分。
- 棗泥作法為紅棗加入少許水，放入電鍋蒸熟後取出，放在篩網上用手搓，透過篩網濾出棗泥即可。

1

2

3

3 再加入沙拉油、鮮奶拌勻，最後加入過篩的材料C，改慢速攪拌至完全均勻，利用橡皮刮刀將鋼盆四周麵糊往盆中心翻拌至無顆粒狀即為麵糊。

- 粉類經過過篩，可以避免攪拌後的麵糊顆粒結塊。
- 攪拌時時間不可太久，以免麵糊出筋而影響組織和口感。
- 若配方有奶油，則需要融化成液體或打發至顏色變白，增添奶香和不同口感。

4

4 將麵糊裝入蛋糕模內約7～8分滿（圖4），表面以橡皮刮刀抹平。

- 用抹刀將麵糊抹平，可以讓蛋糕烘烤完更漂亮。

5

5 再放入烤箱，依照建議的溫度和時間烘烤至麵糊膨脹，烤至25分鐘可以先取出，在麵糊中央輕輕劃一刀（圖5）。

- 在麵糊中央劃一刀，可以讓蛋糕在烘烤過程中自然裂開成漂亮紋路，且中心麵糊較易熟。
- 蛋糕劃完刀後可以將蛋糕模調頭，讓蛋糕受熱均勻。

6 再繼續烤至呈金黃色後取出（圖6），將蛋糕扣出，撕除烘焙紙即可（圖7）。

- 可利用牙籤插入蛋糕體中央，若牙籤未沾麵糊表示已熟了。
- 剛烘烤完成的蛋糕還有熱氣，建議完全涼透再切片食用。

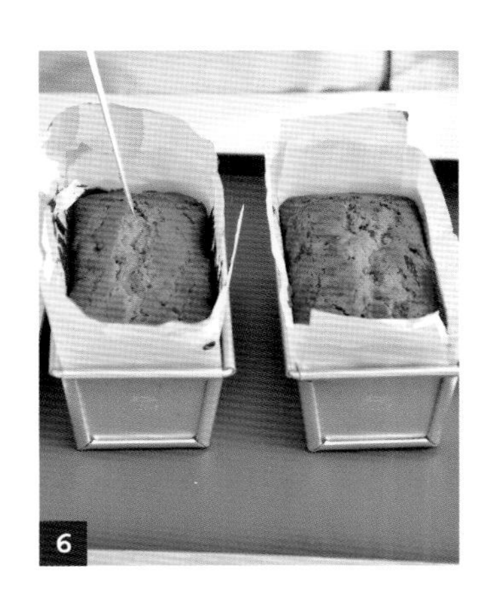

6

7

洋梨磅蛋糕

成品份量：長13×寬8×高4公分鋁箔模3個
溫度/時間：上火180℃、下火180℃/40～45分鐘
單一火候180℃/40～45分鐘
賞味期限：室溫3天/冷藏7天

零失敗 *Tips*
洋梨片勿去皮，排放在麵糊表面待烘烤後會更美觀。

Ingredient

A
西洋梨2顆
細砂糖50公克
水50公克

B
無鹽奶油100公克
細砂糖100公克
蛋100公克

C
低筋麵粉 100公克
泡打粉2公克

D
鮮奶50公克
檸檬汁5cc

Recipe

1 西洋梨去籽，切片，加入其他材料A，煮至西洋梨軟後熄火備用。

2 奶油切小塊，和細砂糖放入鋼盆，稍微打發至變白，分次加入蛋，繼續拌勻至完全打發。

3 再加入過篩的材料C，攪拌至看不見粉粒，再加入材料D輕輕翻拌均勻為麵糊。

4 將麵糊裝入鋁箔模內約7～8分滿，表面以橡皮刮刀抹平，擺上洋梨片。

5 再放入烤箱，依照建議的溫度和時間烘烤至麵糊膨脹，烤至20分鐘可以先取出，在麵糊中央輕輕劃一刀，再繼續烤至呈金黃色即可。

多莓果磅蛋糕

成品份量：長25×寬18×高 5公分容器1個
溫度/時間：上火170℃、下火170℃/50分鐘
單一火候170℃/50分鐘
賞味期限：室溫3天/冷藏7天

Ingredient

A
蛋黃30公克
低筋麵粉4公克
玉米粉5公克
鮮奶90公克
細砂糖25公克
無鹽奶油6公克

B
無鹽奶油100公克
細砂糖70公克
蛋100公克

C
檸檬皮碎5公克
檸檬汁20公克
無糖鮮奶油40公克

D
低筋麵粉100公克
泡打粉3公克
杏仁粉30公克

E
泡酒杏桃10片
泡酒蜜棗5片
泡酒大葡萄乾25公克
泡酒小葡萄乾25公克
泡酒蔓越莓乾30公克

F
蜂蜜適量
蛋白霜適量

Recipe

1 製作克寧姆：蛋黃打散，加入過篩的低筋麵粉與玉米粉混合拌匀。

2 將鮮奶、細砂糖加熱後沖入作法1中，繼續加熱至沸騰，加入奶油拌匀後放涼備用即為克寧姆。

3 奶油切小塊，和細砂糖放入鋼盆，稍微打發至變白，分次加入蛋，繼續拌匀至完全打發。

4 再加入材料C拌匀，接著加入過篩的材料D，攪拌至看不見粉粒即為麵糊。

5 將麵糊裝入鋪烘焙紙的容器內約7～8分滿，表面以橡皮刮刀抹平，均匀鋪上瀝乾酒分的材料E。

6 再放入烤箱，依照建議的溫度和時間，烘烤至麵糊膨脹呈金黃色後取出，待降溫，刷上蜂蜜，擠上蛋白霜作裝飾即可。

零失敗 *Tips*

蜂蜜也可以鏡面果膠取代，可讓果乾表面更有光澤。

泡果乾的酒類，可選擇白蘭地或蘭姆酒。

蛋白霜配方和作法可見p24～p27。

Part4

浪漫甜蜜。

巧克力

chocolate

提升好心情、製造浪漫的巧克力一直是大家最愛的甜點之一。製作濃情蜜意的巧克力並不難，只要照食譜配方和作法確實操作，將原料融化後，再凝固成想要的形狀，同樣可以做出代表個人特色的手工巧克力。

若想進階學習巧克力蛋糕，也有布朗尼、古典巧克力蛋糕、巧克力慕斯蛋糕，等著你一同體驗愛與味蕾的完美跳動！

杏仁巧克力

成品份量：35個
賞味期限：室溫10天

Ingredient

A
帶皮杏仁粒100公克
苦甜巧克力50公克
糖粉30公克
無鹽奶油5公克

B
防潮可可粉100公克

Recipe

1 將杏仁粒放入烤盤（圖1），放入烤箱，以低溫上火130℃、下火130℃烘烤至香味溢出。

・杏仁粒透過低溫烘烤，可讓核果香氣更足。

1

2 苦甜巧克力切碎，放入小鋼盆中，大盆放水，採隔水加熱融化（圖2、3、4、5），待巧克力周圍開始融化，再用木匙拌勻，待完全融化即可離火，備用。

- 待巧克力開始融化時再攪拌，可避免油水分離狀況，且光澤度較均勻。
- 巧克力先切碎，融化速度較快；若擔心融化後會立即變硬，可先放於溫水鋼盆中維持溫度。

3 鍋內放入糖粉，以小火加熱至呈焦糖色，加入奶油拌勻後熄火。

- 煮焦糖時不可攪拌或搖晃，容易產生結晶狀況。
- 添加適量奶油，可以增加組織的滑順感。

4 取另一個鋼盆，放入融化的巧克力，放入杏仁粒，繼續加熱並拌炒至糖漿完全包覆杏仁粒（圖6），放入融化的巧克力與炒過的杏仁，並用木匙輕輕拌至乾。

- 裹糖漿動作要快，若中途覺得無法包覆，可以再用小火繼續加熱。

5 再裹上一層防潮可可粉（圖7），重複此動作至可可粉達到一定厚度即可。

- 防潮可可粉不可以無糖可可粉代替，而且要裹到一個厚度，才能讓巧克力充滿濃郁香氣。

草莓巧克力

成品份量：20個
賞味期限：室溫1天/冷藏4～5天

Ingredient

A
新鮮草莓20顆
苦甜巧克力150公克

Recipe

1 將草莓洗淨，放置冰箱去水分乾燥備用。

2 苦甜巧克力切碎，採隔水加熱至融化。

3 取出草莓，每個草莓沾裹2/3的巧克力液，並放於涼架待其凝固。

零失敗 ***Tips***
若天氣較熱，可以放冰箱冷藏加速凝固。

雙色巧克力

成品份量：35～40個
賞味期限：室溫1天/冷藏4～5天

Ingredient

A

白巧克力230公克
無糖鮮奶油50公克
蘭姆酒40公克
打發鮮奶油80公克

B

草莓巧克力100公克

Recipe

1. 巧克力切碎，與鮮奶油隔水加熱融化，待涼，加入蘭姆酒拌勻。
2. 再加入打發鮮奶油拌勻，裝入擠花袋，尖端剪一個適宜的小洞，擠在鋪有烘焙紙的烤盤上，待凝固，用手整型成圓球狀。
3. 草莓巧克力切碎，採隔水加熱融化，待涼，裝入擠花袋，尖端剪一個適宜的小洞，於白巧克力球表面畫線條裝飾。

零失敗 ***Tips***

白巧克力液亦可擠入圓球模中，冷藏待硬即可。

生巧克力

成品份量：25 個
賞味期限：冷藏7天

Ingredient

A
苦甜巧克力225公克
無糖鮮奶油90公克
無鹽奶油15公克
蘭姆酒20公克
B
防潮可可粉100公克

Recipe

1. 苦甜巧克力切碎，放入鋼盆；鮮奶油倒入鍋中加熱至鍋邊冒小泡泡，備用。
2. 將鮮奶油沖入裝巧克力碎的鋼盆中，採隔水加熱融化，加入奶油拌勻後熄火，倒入蘭姆酒拌勻。
3. 將融化的巧克力漿倒入長20×寬12公分容器中（圖1），表面包覆保鮮膜（圖2），放入冰箱待凝固。
4. 取出凝固的巧克力，切小方塊（圖3），放於烘焙紙上，均勻篩上厚厚一層防潮可可粉即可食用（圖4、5）。

零失敗 *Tips*

巧克力放入冰箱冷藏前需包覆保鮮膜，以防水氣和異味竄入。

切凝固的巧克力時，可以先熱刀（以熱開水燙過）防沾黏。

火山豆巧克力

成品份量：10片
賞味期限：室溫5天/冷藏10天

Ingredient

A
火山豆150公克
苦甜巧克力260公克

B
無糖鮮奶油90公克
麥芽20公克
蘭姆酒10公克

Recipe

1. 火山豆放入烤盤，以上火130℃、下火130℃烤熟至脆，取出備用。
2. 苦甜巧克力切碎，放入鋼盆，加入鮮奶油、麥芽，採隔水加熱融化，加入蘭姆酒攪拌均勻，即為巧克力漿。
3. 再放入烤熟的火山豆拌勻，再倒入鋪烘焙紙的烤盤，鋪平後待硬，再用手剝片即完成。

零失敗 *Tips*

融巧克力的溫度勿過高，保持45~50℃。

火山豆烘烤勿高溫，容易焦黑且有苦味。

巧克力鬆芙

成品份量：45個
賞味期限：冷藏4～5天

Ingredient

A
巧克力磚230公克
蛋黃40公克
無糖鮮奶油50公克
柑橘白蘭地40公克
打發鮮奶油100公克

B
防潮可可粉100公克

Recipe

1 巧克力切碎，放入鋼盆，加入蛋黃拌勻，採隔水加熱融化，放涼。

2 再加入柑橘白蘭地拌勻，加入打發鮮奶油，拌勻為巧克力漿。

3 將巧克力漿裝入擠花袋，尖端剪一個適宜的小洞，擠在鋪烘焙紙的烤盤上，待凝固，若有尖角可用指尖壓平。

4 均勻篩上厚厚一層防潮可可粉即可。

古典巧克力蛋糕

成品份量：6吋實心圓模1個
溫度/時間：上火 190℃、下火190℃/50分鐘
單一火候190℃/50分鐘
賞味期限：室溫2天/冷藏7天

Ingredient

A
苦甜巧克力65公克
無鹽奶油50公克
可可粉40公克
無糖鮮奶油65公克

B
蛋黃55公克
細砂糖30公克
低筋麵粉20公克

C
蛋白80公克
細砂糖70公克

D
防潮糖粉30公克
打發鮮奶油適量

Recipe

1 苦甜巧克力切碎；奶油切小塊，備用。

2 巧克力碎，與奶油、可可粉、鮮奶油放入鋼盆，混合拌勻，採隔水加熱融化即為巧克力漿。

3 將蛋黃、細砂糖攪拌均勻，倒入巧克力漿拌勻，再加入過篩的低筋麵粉拌勻至無粉粒麵糊。

4 蛋白打起泡，加入細砂糖攪打至九分發（圖1），和巧克力漿混合拌勻（圖2），倒入以烘焙紙圍邊的圓模（圖3）。

5 再放入烤箱，以上火190℃、下火190℃烘烤50分鐘，降溫至0℃燜10分鐘至熟，取出後扣出（圖4），放置待涼。

6 篩上防潮糖粉，切片後擠上打發鮮奶油裝飾即可。

1

2

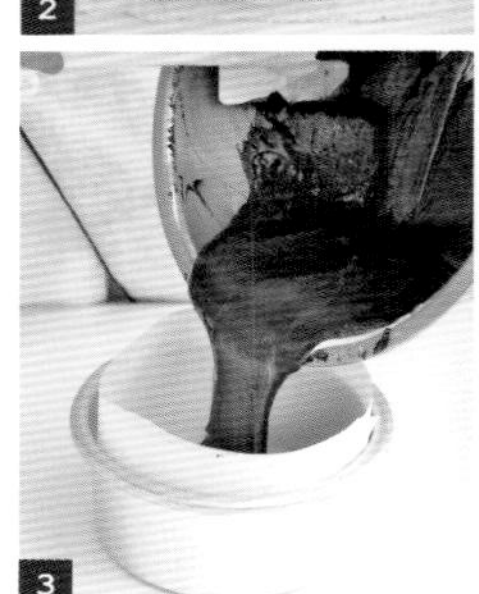
3

4

零失敗 *Tips*

古典巧克力中間凹陷和龜裂屬於本身特質。

布朗尼

成品份量：長30×寬20高5公分容器1個
溫度/時間：上火 170℃、下火170℃/30分鐘
單一火候170℃/30分鐘
賞味期限：室溫30天

Ingredient

A
苦甜巧克力180公克
無鹽奶油200公克

B
蛋200公克
細砂糖150公克
低筋麵粉160公克

C
核桃仁200公克

Recipe

1. 苦甜巧克力切碎，加入奶油，採隔水加熱融化即為巧克力漿。
2. 蛋和細砂糖放入鋼盆，打發，加入過篩的低筋麵粉拌勻，再和巧克力漿拌勻成無粉粒的麵糊。
3. 再倒入鋪烘焙紙的烤盤，表面抹平，最後均勻鋪上核桃仁。
4. 放入烤箱，依照建議的溫度和時間，烘烤至熟，取出後切小方塊即可。

巧克力慕斯蛋糕

成品份量：6吋活動圓模1個
溫度/時間：上火 180℃、下火170℃/30分鐘
單一火候170℃/30分鐘
賞味期限：冷藏 5天

Ingredient

A
蛋黃5個
細砂糖50公克
低筋麵粉116公克
鮮奶60公克
沙拉油60公克
香草精少許

B
蛋白150公克
細砂糖50公克

C
苦甜巧克力碎230公克
無糖鮮奶油115公克
蛋黃20公克

D
無糖鮮奶油210公克
蘭姆酒20公克
優格100公克

E
苦甜巧克力115公克
無糖鮮奶油60公克
橘皮丁100公克

Recipe

1 製作蛋糕體：材料A的蛋黃、細砂糖拌勻，加入過篩的低筋麵粉拌勻，再加入其他材料A拌勻為麵糊。

2 蛋白打起泡，分次加入細砂糖，攪打九分發至細緻的蛋白糊。

3 取少許蛋白糊和作法1麵糊輕輕拌勻，再倒回蛋白糊盆中輕輕拌勻，倒入圓模，表面抹平，輕敲數下圓模，以敲出空氣。

4 放入烤箱，依照建議的溫度和時間，烘烤至熟，取出後脫模，待涼。

5 苦甜巧克力、鮮奶油、蛋黃拌勻，採隔水加熱融化。

6 鮮奶油打發，加入蘭姆酒、優格拌勻，和作法5巧克力漿拌勻為慕斯餡。

7 取1片蛋糕片，放入圓模，擠入少許慕斯餡，抹平，鋪上1片蛋糕片，再擠上少許慕斯餡，抹平，放入冰箱冷藏待硬。

8 材料E的苦甜巧克力、鮮奶油，採隔水加熱融化，放置待涼。

9 將巧克力蛋糕放在涼架上，將作法8材料淋在蛋糕體上，重複2～3次，待硬，以橘皮丁裝飾即可。

巧克力舒芙蕾

成品份量：直徑8公分烤皿4個
溫度/時間：上火 180℃、下火180℃/15～20分鐘
單一火候180℃/15～20分鐘
賞味期限：現烤現吃

Ingredient

A
無鹽奶油15公克
低筋麵粉20公克
鮮奶125公克
巧克力豆75公克
蛋黃45公克

B
蛋白60公克
細砂糖10公克

C
防潮糖粉適量

Recipe

1 每個烤皿底部塗上一層薄薄奶油（份量外），均勻撒上細砂糖，並用鋁箔紙圍邊備用（圖1、2）。

2 將奶油切塊後放入鋼盆中，加入過篩的低筋麵粉、其他材料A混合拌勻，採隔水加熱方式，攪拌至巧克力完全融化（圖3），放涼備用。

3 蛋白用打蛋器打起泡，加入細砂糖，攪打至9分發，蛋白糊組織可明顯看到紋路即可。

4 將降溫的巧克力糊和蛋白糊輕輕混合拌勻（圖4）。

5 再填入耐烤皿至8分滿（圖5），放入烤箱，依照建議的溫度和時間，烘烤至麵糊膨脹取出，趁熱篩上防潮糖粉即可（圖6）。

零失敗 *Tips*

材料中的巧克力豆為甜味，若購買苦甜巧克力，則細砂糖份量應調整為40公克為宜。

舒芙蕾又譯梳乎厘、梳芙厘（**Soufflé**），或稱作蛋奶酥。是法國著名甜點，組織輕且膨鬆，烘烤完成後5~10分鐘即會逐漸塌陷，建議趁溫熱時食用更佳。

Part5

悠閒時光。

司康

scone

最早是英吉利島的點心，後來成為蘇格蘭的特產。手工感濃厚的司康，是英式下午茶常見的點心，通常以麥類為主材料製成。一般多搭配蜂蜜一起食用，或橫切後塗上適量果醬、奶油。

司康和美國「曲奇餅乾」相似，但口感上還是有些不同。司康麵糰通常會加入果乾、核果、巧克力拌合為甜口味，或者拌入鹹肉、洋蔥、起司成為鹹口味的點心。

全麥高纖司康

成品份量：直徑4.5公分18個
溫度/時間：上火 180℃、下火160℃/15分鐘
單一火候170℃/15分鐘
賞味期限：室溫3～4天/冷藏7天

Ingredient

A
全麥麵粉300公克
泡打粉10公克

B
無鹽奶油65公克
細砂糖50公克

C
蛋黃30公克
蛋白45公克
鮮奶100公克

D
蛋黃液適量

Recipe

1 全麥麵粉、泡打粉混合過篩，倒入鋼盆中，中間挖出一個洞成粉牆。

- 於桌面築粉牆，操作更容易翻拌均勻。
- 粉類經過過篩，可以避免攪拌後的麵糊顆粒結塊；攪拌時間不可太久，以免麵糊出筋而影響組織和口感。
- 泡打粉的份量微量，建議使用量匙或購買可秤量至0.1公克的電子秤較為準確。

2 奶油切小塊，放入作法1鋼盆中央的凹洞，再加入細砂糖混合拌勻，再加入材料C拌勻成糰。

- 奶油放室溫待軟後切小塊，較容易和粉類拌均勻。
- 全麥麵粉含水量較高，若配方中份量已加完，而麵糰還濕濕的，可視情況酌量添加一些粉拌勻。

3 取出麵糰於桌面，用按壓的方式按壓均勻，至表面呈光滑不沾手的麵糰（圖1），用桿麵棍桿成厚度約1公分的長方形（圖2），採三折法（圖3），重複此桿折動作3～5次（圖4、5）。

- 翻拌動作要輕柔，以按壓方式至麵糰表面光滑不黏手即可。
- 桿製時間勿過長，可避免麵糰出筋；且麵糰厚度需均勻。

4 切除四周不平整麵皮後，用直徑約4.5公分小圓框壓出數個圓麵皮（圖6），間隔排入烤盤，表面均勻塗上一層蛋黃液（圖7）。

- 小圓框壓入麵糰時，手掌需和圓框保留一點空隙，讓空氣跑出來，再轉一轉圓框後拉起，即可形成漂亮的圓片。
- 塗蛋黃液時勿來回刷，容易傷到麵皮。

5 再放入烤箱，依照建議的溫度和時間，烘烤至呈金黃色即可取出。

- 每臺烤箱的性能不同，食譜標示的時間和溫度僅供參考，可以視情況調整。

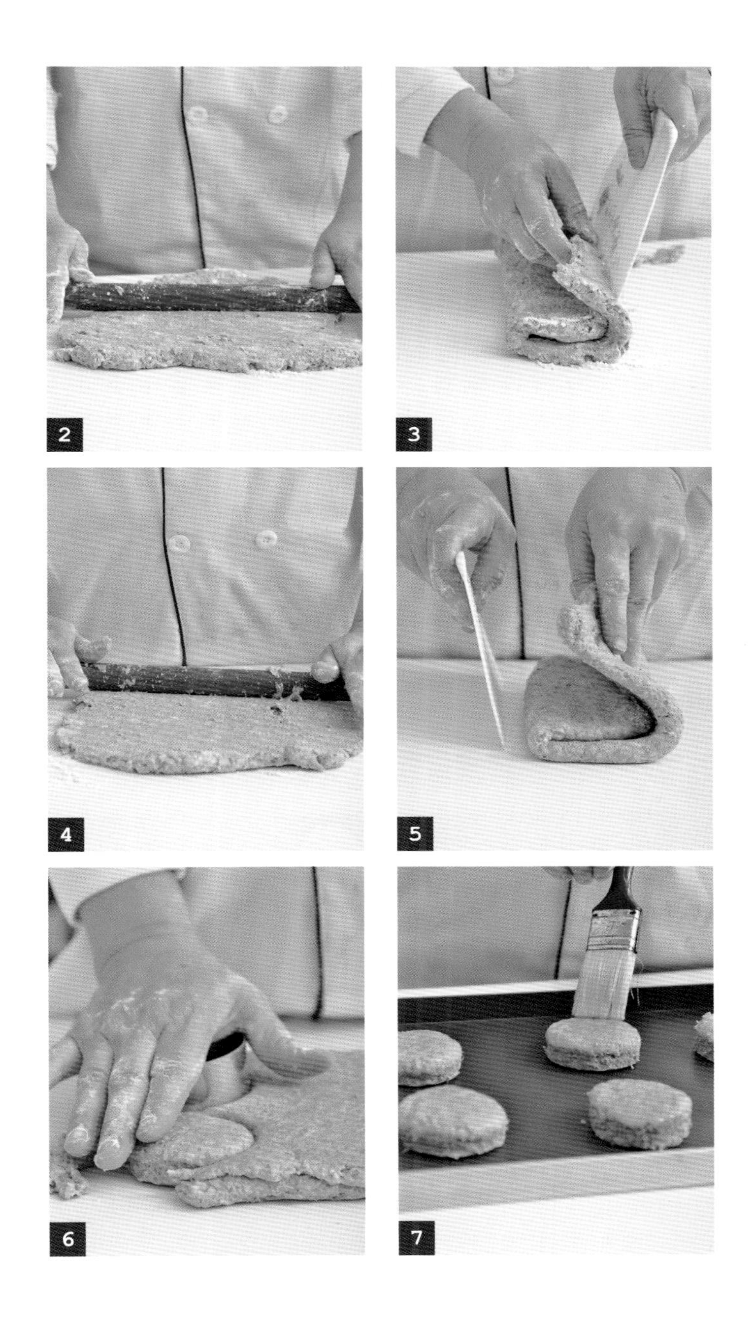

橘皮酒香司康

成品份量：長8×寬2.5×高2公分14份
溫度/時間：上火 180℃、下火160℃/15分鐘
單一火候170℃/15分鐘
賞味期限：室溫3～4天/冷藏7天

Ingredient

A
中筋麵粉300公克
泡打粉10公克

B
無鹽奶油65公克
細砂糖50公克

C
蛋黃30公克
蛋白45公克
鮮奶100公克

D
橘子皮80公克
柑橘白蘭地30cc

E
蛋黃液適量

Recipe

1. 橘子皮先浸泡柑橘白蘭地，至橘子皮充滿酒香，放置備用。
2. 中筋麵粉、泡打粉混合過篩，倒入鋼盆中，中間挖出一個洞成粉牆。
3. 奶油切小塊，放入作法2鋼盆中央的凹洞，再加入細砂糖混合拌勻，再加入材料C拌勻成糰。
4. 取出麵糰於桌面，用按壓的方式，按壓至呈不沾手的麵糰，用桿麵棍桿成厚度約1公分的長方形，採三折法方式桿折。
5. 第一次桿平後，將橘子皮瀝乾後鋪於麵皮上，重複此桿折動作3～5次，再用刀切出長條狀，間隔排入烤盤，表面均勻塗上一層蛋黃液。
6. 再放入烤箱，依照建議的溫度和時間，烘烤至呈金黃色即可取出。

起司司康

成品份量：三角形14份
溫度/時間：上火 180℃、下火160℃/15分鐘
單一火候170℃/15分鐘
賞味期限：室溫2天/冷藏6天

Ingredient

A
中筋麵粉300公克
泡打粉10公克

B
無鹽奶油65公克
細砂糖50公克

C
蛋黃30公克
蛋白45公克
鮮奶100公克

D
起司片8片
起司絲適量

E
蛋黃液適量

Recipe

1 中筋麵粉、泡打粉混合過篩，倒入鋼盆中，中間挖出一個洞成粉牆。

2 奶油切小塊，放入作法1鋼盆中央的凹洞，再加入細砂糖混合拌勻，再加入材料C拌勻成糰。

3 取出麵糰於桌面，用按壓的方式按壓至呈不沾手的麵糰，用桿麵棍桿成厚度約1公分的正方形，採三折法。

4 第一次桿平後，將起司片均勻鋪於麵皮上，重複此桿折動作3～5次，再用刀切出每片為7公分的正方形，斜角對切，間隔排入烤盤，表面均勻塗上一層蛋黃液，沾上一層起司絲。

5 再放入烤箱，依照建議的溫度和時間，烘烤至呈金黃色即可取出。

零失敗 *Tips*
起司絲可以起司粉替代，增加司康風味。

蜂蜜奶油司康

成品份量：直徑4.5公分18個
溫度/時間：上火 180℃、下火160℃/15分鐘
單一火候170℃/15分鐘
賞味期限：室溫3～4天/冷藏7天

Ingredient

A
中筋麵粉300公克
泡打粉10公克

B
無鹽奶油65公克
細砂糖50公克

C
蛋黃30公克
蛋白45公克
鮮奶100公克

D
蜂蜜適量

E
蛋黃液適量

Recipe

1 中筋麵粉、泡打粉混合過篩，倒入鋼盆中，中間挖出一個洞成粉牆。

2 奶油切小塊，放入作法1鋼盆中央的凹洞，再加入細砂糖混合拌勻，再加入材料C拌勻成糰。

3 取出麵糰於桌面，用按壓的方式按壓至呈不沾手的麵糰，用桿麵棍桿成厚度約1公分的長方形，採三折法，重複此桿折動作3～5次。

4 用直徑約4.5公分小圓框壓出數個圓麵皮，間隔排入烤盤，表面均勻塗上一層蛋黃液即可。

5 再放入烤箱，依照建議的溫度和時間，烘烤至呈金黃色取出，食用時淋上蜂蜜。

零失敗 Tips

這道司康是典型的英式下午茶點心，除了淋蜂蜜外，亦可將司康橫剖不斷，夾入喜歡的果醬即可。

杏仁紅蘿蔔司康

成品份量：長5×寬5×高2.5公分16個
溫度/時間：上火 180℃、下火160℃/15分鐘
單一火候170℃/15分鐘
賞味期限：室溫2天/冷藏6天

Ingredient

A
中筋麵粉270公克
杏仁粉30公克
泡打粉10公克

B
無鹽奶油65公克
細砂糖50公克

C
蛋黃30公克
蛋白45公克
紅蘿蔔泥100公克

E
蛋黃液適量

Recipe

1. 中筋麵粉、杏仁粉、泡打粉混合過篩，倒入鋼盆中，中間挖出一個洞成粉牆備用。
2. 奶油切小塊，放入作法1鋼盆中央的凹洞，再加入細砂糖混合拌勻，再加入材料C拌勻成糰。
3. 取出麵糰於桌面，用按壓的方式按壓至呈不沾手的麵糰，用桿麵棍桿成厚度約1公分的正方形，採三折法，重複此桿折動作3～5次即可。
4. 用刀切出每片為5公分的正方形，間隔排入烤盤，表面均勻塗上一層蛋黃液。
5. 再放入烤箱，依照建議的溫度和時間，烘烤至呈金黃色即可取出。

洋蔥培根司康

成品份量：長5×寬5×高2公分20個
溫度/時間：上火 180℃、下火160℃/15分鐘
單一火候170℃/15分鐘
賞味期限：室溫1天/冷藏5天

Ingredient

A
中筋麵粉320公克
泡打粉10公克

B
無鹽奶油65公克
細砂糖50公克

C
蛋黃30公克
蛋白45公克
水100公克

D
洋蔥100公克
培根肉100公克
黑胡椒粒1/4小匙

E
蛋黃液適量

Recipe

1 洋蔥切絲；培根肉切細塊，和洋蔥絲一起放入平底鍋炒香，加入黑胡椒粒調味，待涼為餡料備用。

2 中筋麵粉、泡打粉混合過篩，倒入鋼盆中，中間挖出一個洞成粉牆。

3 奶油切小塊，放入作法2鋼盆中，加入細砂糖混合，加入材料C拌勻成糰。

4 取出麵糰於桌面，用按壓的方式按壓至呈不沾手的麵糰，用桿麵棍桿成厚度約1公分的正方形。

5 第一次桿平後，將餡料均勻鋪於麵皮上（圖1、2、3）， 採三折法，重複此桿折動作3～5次（圖4、5），再用刀切出每片為5公分的正方形（圖6），間隔排入烤盤，表面均勻塗上一層蛋黃液。

6 再放入烤箱，依照建議的溫度和時間，烘烤至呈金黃色即可取出。

零失敗 *Tips*

若會黏手，可自行酌量加入麵粉壓拌，桿壓力道不可太大，避免洋蔥和肉餡滲出表面，可避免烘烤時焦黑。

椰漿咖哩司康

成品份量：長5×寬5×高2.5公分20個
溫度/時間：上火 180℃、下火160℃/15分鐘
單一火候170℃/15分鐘
賞味期限：室溫3～4天/冷藏7天

零失敗 *Tips*
麵皮也可用小圓框壓模，或切其他形狀。

Ingredient

A
中筋麵粉300公克
泡打粉10公克
咖哩粉4公克

B
無鹽奶油65公克
細砂糖50公克

C
蛋黃30公克
蛋白45公克
椰漿100公克

D
椰子粉適量

E
蛋黃液適量

Recipe

1. 中筋麵粉、泡打粉和咖哩粉混合過篩，倒入鋼盆中，中間挖出一個洞成粉牆備用。
2. 奶油切小塊，放入作法1鋼盆中央的凹洞，再加入細砂糖混合拌勻，再加入材料C拌勻成糰。
3. 取出麵糰於桌面，用按壓的方式按壓至呈不沾手的麵糰，用桿麵棍桿成厚度約1公分的正方形，採三折法，重複此桿折動作3～5次。
4. 用刀切出每片為5公分的正方形，間隔排入烤盤，表面均勻塗上一層蛋黃液，表面沾裹椰子粉。
5. 再放入烤箱，依照建議的溫度和時間烘烤至呈金黃色即可取出。

羅勒蒜香司康

成品份量：長6×寬2.5×高2公分20份
溫度/時間：上火 180℃、下火160℃/15分鐘
單一火候170℃/15分鐘
賞味期限：室溫3～4天/冷藏7天

Ingredient

A
中筋麵粉300公克
泡打粉10公克

B
無鹽奶油65公克
細砂糖30公克

C
蛋黃30公克
蛋白45公克
水100公克

D
羅勒葉30公克
蒜頭10公克
雞粉2公克
無鹽奶油15公克

E
蛋黃液適量

Recipe

1. 羅勒葉、蒜頭分別切細末，和奶油拌勻為餡料備用。
2. 中筋麵粉、泡打粉混合過篩，倒入鋼盆中，中間挖出一個洞成粉牆。
3. 奶油切小塊，放入作法2鋼盆中央的凹洞，再加入細砂糖混合拌勻，再加入材料C拌勻成糰。
4. 取出麵糰於桌面，用按壓的方式按壓至呈不沾手的麵糰，用桿麵棍桿成厚度約1公分的長方形，採三折法。
5. 第一次桿平後，將餡料均勻鋪於麵皮上，重複此桿折動作3～5次，再用刀切出每片為6公分的長條，間隔排入烤盤，表面均勻塗上一層蛋黃液。
6. 再放入烤箱，依照建議的溫度和時間烘烤至呈金黃色即可取出。

Part6

滑嫩可口。

布丁＆果凍

pudding & jelly

透過蒸烤的布丁，香滑綿密的口感是男女、老少都垂涎不已的滋味，尤以焦糖烤布丁更是必學的經典款，表面濃郁焦糖香和奶香十足的黃金布丁液，形成絕妙的層次味蕾享受。

冷藏類布丁配方中的吉利丁，能讓組織更綿密滑口；添加寒天或洋菜的寒天凍飲，其脆脆富彈性；以太白粉混合拌製而成的杏仁豆腐、法式奶凍，綿密清爽口感是盛夏甜品首選。

焦糖烤布丁

成品份量：150cc耐烤皿4個
溫度/時間：上火 150℃、下火150℃/40分鐘
單一火候150℃/40分鐘
賞味期限：室藏3～4天

Ingredient

A

鮮奶150cc
無糖鮮奶油 300公克

B

細砂糖40公克
蛋黃4個

Recipe

1 材料A倒入鍋中，以小火加熱至80℃（圖1），熄火。

- 看到鍋邊冒小泡泡即為80℃，忌煮至滾。
- 鮮奶油加熱溫度勿太高，否則將會變蛋花湯。

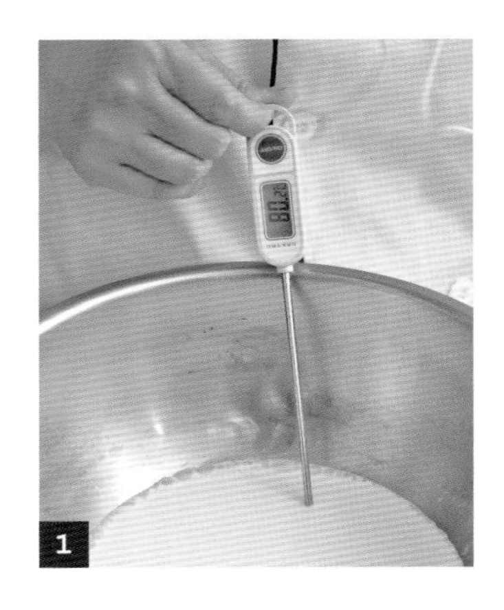
1

2 材料B放入鋼盆中攪拌均勻，和作法1鮮奶液拌勻為布丁液（圖2、3），利用篩網過濾至大量杯中（圖4），可以過濾1～2次，靜置30分鐘。

・經過篩網過濾，可濾除雜質和泡沫，使布丁烘烤後組織更細緻。

2

3

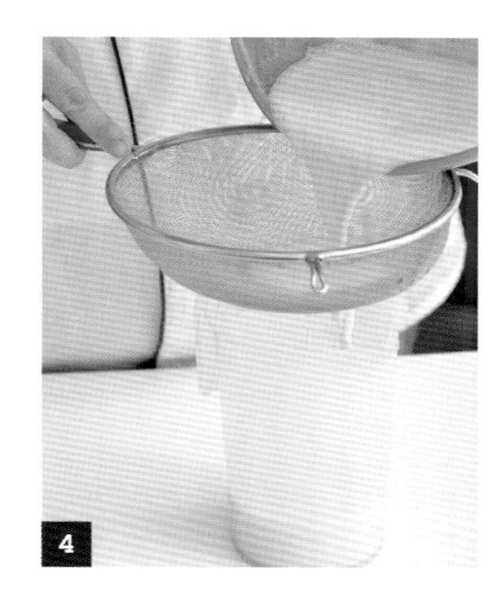
4

3 再分盛於耐烤皿（圖5），取1張厚紙巾吸除表面小泡泡（圖6），小心放入烤箱，在烤盤倒入約2/3高度冷水，關上烤箱門，採隔水烘烤至布丁液熟即可取出。

・利用厚紙巾或牙籤挑除泡沫，可避免布丁完成品形成孔洞。

・建議將烤盤放入烤箱後，再倒水於烤盤，才不會打翻而溢出水量。

・用手碰觸布丁表面，若有彈性且不沾手表示熟了。

5

6

4 於布丁表面撒上一層細砂糖（圖7），再放入烤箱，以上火230℃、下火230℃烤數分鐘至糖融化呈焦黃色即可取出。

・也可用瓦斯槍噴火將糖融化，形成一層薄薄糖衣。

7

德式烤布丁

成品份量：直徑8公分塔模2個
溫度/時間：上火 180℃、下火180℃/30分鐘
　　　　　單一火候180℃/30分鐘
賞味期限：室溫1天/冷藏3～4天

Ingredient

A

低筋麵粉180公克
蛋黃10公克
無鹽奶油 100公克
細砂糖35公克

B

奶油起司160公克
細砂糖40公克
蛋100公克

Recipe

1. 奶油待軟後切小塊，和其他材料A放入鋼盆中，用手拌壓混合成糰，壓平，裝入塑膠袋，放入冰箱冷藏30分鐘至硬為塔皮。
2. 取出麵糰，用桿麵棍桿成直徑約12公分圓形狀共2個，用刮板慢慢移入塔模，用手指整型周邊，用刮板刮除多餘麵糰，用叉子在底部戳數個洞，放入冰箱冷藏備用。
3. 奶油起司、細砂糖放入鋼盆，用打蛋器攪拌均勻至無顆粒狀，分次加入蛋，攪拌均勻為起司糊。

4. 將派皮放入烤盤，倒入適量起司糊至9分滿，放入烤箱，依照建議的溫度和時間，烘烤至熟即可取出。

零失敗 *Tips*

派皮需戳洞，烘烤時可避免派皮鼓起；奶油起司加蛋勿打過發，否則烘烤後成品易塌陷。

冰過的塔皮不黏手，以方便後續的桿製；桿製時可於工作臺撒上少許高筋麵粉當手粉防沾。

橙味布蕾

成品份量：100 cc耐烤皿6個
溫度/時間：上火 160℃、下火150℃/25分鐘
單一火候150℃/25分鐘
賞味期限：冷藏3～4天

Ingredient

A
柳橙皮1個

B
無糖鮮奶油120公克
鮮奶260公克
細砂糖55公克

C
蛋黃100公克
蛋90公克

D
打發鮮奶油適量
柳橙果肉適量

Recipe

1 柳橙洗淨，用刀取下黃橙色備用。

2 將材料B倒入鋼盆，加熱至80℃，放入柳橙皮煮至有橙香味，熄火備用。

3 蛋黃、蛋放入鋼盆打散，將作法2布丁液倒入鋼盆拌勻，利用篩網濾除柳橙皮，靜置30分鐘。

4 再分盛於耐烤皿，取1張厚紙巾吸除表面小泡泡，小心放入烤箱，在烤盤倒入約2/3高度冷水，關上烤箱門，採隔水烘烤至布丁液熟即可取出。

5 以打發鮮奶油、柳橙果肉裝飾即可。

零失敗 *Tips*

柳橙皮勿切到白色部分，會有澀味產生。

布丁液中可增加15公克濃縮柳橙汁，以增加香氣。

抹茶紅豆布丁

成品份量：直徑9公分容器2個
賞味期限：冷藏3～4天

Ingredient

A
無糖鮮奶油200公克
鮮奶300公克
細砂糖40公克
抹茶粉5公克
吉利丁片4片

B
打發鮮奶油適量
蜜紅豆粒少許
防潮糖粉適量

Recipe

1 吉利丁片剪半後泡入冷水中，浸泡3～5分鐘待軟。鮮奶油、鮮奶、細砂糖放入鍋中，以小火加熱至糖溶解即可熄火。

・布丁液勿煮到滾，只要待糖溶解即可。

2 再加入抹茶粉（圖1），將吉利丁片撈出，輕輕將水分擬乾，加入作法1中（圖2），一起加熱至吉利丁片完全融化（圖3）。

- 挑選日本製的抹茶粉，其製作出來的布丁較脆綠。
- 吉利丁片較吉利丁粉無腥臭味；泡軟的吉利丁片輕輕擬乾即可使用。
- 使用於冷藏類的布丁或果凍，吉利丁片必需軟化後才能和其他材料拌融。

3 再用篩網過篩抹茶布丁液於大鋼盆（圖4、5），倒入容器（圖6），放入冰箱冷藏至凝固。

- 經過篩網過濾，可以濾除雜質和泡沫，使布丁烘烤後組織更細緻美觀。
- 抹茶渣別浪費，可以透過篩網慢慢篩至布丁液中。

4 取出凝固的抹茶布丁，擠上打發鮮奶油，鋪上適量蜜紅豆粒（圖7），再篩上防潮糖粉即可。

- 打發鮮奶油作法見p19；或到大型超市購買市售品更方便。

杏仁豆腐

成品份量：10份
賞味期限：冷藏2天

Ingredient

A
水260cc
去皮生花生16公克
南杏10公克
細砂糖20公克

B
日本太白粉60公克
水200公克

C
糖水適量
水蜜桃罐頭少許
冰塊適量

Recipe

1 材料A放入果汁機打碎，用細篩網濾渣後備用。

2 材料B拌勻，和作法1一起放入炒鍋，以小火攪拌炒熟，邊加熱邊攪拌至濃稠且凝固狀即為杏仁豆腐泥，熄火。

3 將杏仁豆腐泥倒入沾濕的平盤中，表面抹平，待涼，放入冰箱冷藏至凝固，即可切塊。

4 取適量杏仁豆腐於杯中，倒入糖水，放入切丁的水蜜桃，酌量加入冰塊即可。

零失敗 *Tips*

杏仁豆腐泥炒至濃稠凝固狀時，必須看見作法2鍋面起泡泡，表示已全熟。

寒天凍飲

成品份量：30杯
賞味期限：冷藏5天

Ingredient

A
洋菜條1包（約37公克）
水6500cc

B
二砂糖200公克
水400cc

C
蜂蜜適量
檸檬片適量

Recipe

1 材料A放入鍋中煮至沸騰，熄火後待涼，放入冰箱冷藏至凝固。

2 材料B煮至糖溶解即為糖水，放涼。

3 將凝固的寒天凍切成小塊，盛入杯中，倒入糖水，淋上少許蜂蜜，放上檸檬片即可食用。

零失敗 *Tips*

於作法1可自行加水或減水量，調整寒天凍的軟硬度。

糖水和蜂蜜可以是個人喜好添加份量。

南瓜布丁

成品份量：100 cc 約6杯
賞味期限：冷藏3～4天

Ingredient

A
鮮奶250公克
熟南瓜泥 100公克
細砂糖50公克
無糖鮮奶油200公克

B
吉利丁片5片

Recipe

1 吉利丁片剪半後泡入冷水中，浸泡3～5分鐘待軟。

2 材料A放入鍋中，以小火加熱至糖溶解即可熄火。

3 將吉利丁片撈出，輕輕將水分擬乾，加入作法2中，一起加熱至吉利丁片完全融化。

4 再用篩網過篩南瓜布丁液於大量杯，倒入容器，放入冰箱冷藏至凝固。

零失敗 ***Tips***

南瓜布丁液需降溫，再倒入容器中；溫度勿過熱，否則鮮奶與南瓜泥容易分層。

法式奶凍

成品份量：長20×寬15×高5公分容器1個
賞味期限：室溫1天/冷藏2天

Ingredient

A
細砂糖40公克
日本太白粉60公克

B
鮮奶400公克
椰子粉100公克

Recipe

1. 材料A放入鋼盆，混合拌匀，加入鮮奶攪拌均勻，再倒入平底鍋，以中火加熱炒至濃稠。
2. 再倒入沾濕的平盤，表面抹平，放入冰箱冷藏至凝固備用。
3. 待凝固後切成所需大小，表面沾裹一層椰子粉即可食用。

零失敗 *Tips*

拌炒好的鮮奶麵糊必須趁有溫度時倒入平盤中，可避免結塊。

日本製太白粉的稠度較容易產生且富彈性。

烘焙器具材料採買舖

北部地區

嘉美行
基隆市豐稔街130號B1
02-24621963

證大食品機械公司
基隆市七堵明德一路247號
02-24566318

富盛烘焙材料行
基隆市南榮路50號
02-24259255

美豐食品原料行
基隆市孝一路36號
02-24223200

得宏食品原料行
臺北市南港區研究院路一段96號
02-27834843

元寶公司
臺北市內湖區環山路二段133號2樓
02-26588991

岱里食品公司
臺北市松山區虎林街164巷5號1樓
02-27255820

申崧食品公司
臺北市松山區延壽街402巷2弄13號
02-27697251

義興材料行
臺北市松山區富錦街578號
02-27608115

日光材料行
臺北市信義區莊敬路340號2樓
02-87802469

燈燦公司
臺北市大同區民樂街125號
02-25578104

洪春梅實業有限公司
臺北市大同區民生西路389號
02-25533859

果生堂
臺北市中山區龍江路429巷8號
02-25021619

宏茂商行
臺北市士林區中山北路六段472號
02-28714454

飛訊烘焙材料行
臺北市士林區承德路四段277巷83號
02-28830000

萊成食品公司
臺北市大安區和平東路三段212號3號
02-27838086

正大行
臺北市萬華區康定路3號
02-23110991

加嘉食品行
新北市汐止區環河街183巷3號
02-26933334

虹泰食品原料行
新北市淡水區水源街一段61號
02-26295593

艾佳食品行
新北市中和區宜安街118巷14號
02-86608895

佳記食品公司
新北市中和區國光街189巷12弄1之1號
02-29595771

佳佳烘焙材料行
新北市新店區三民路88號
02-29186456

崑龍食品公司
新北市三重區永福街242號
02-22876020

全成功公司
新北市板橋區互助街36號
02-22559482

旺達食品行
新北市板橋區信義路165號1樓
02-29620114

旺達食品公司
新北市板橋區信義路165號1樓
02-29620114

聖寶食品商行
新北市板橋區觀光街 5 號
02-29633112

今今食品行
新北市五股區四維路142巷14弄8號
02-29817755

馥品屋
新北市樹林區鎮大安路175號
02-26862569

和興餐具行
桃園市三民路二段69號
03-3393742

印象西點工作室
桃園市樹仁一街150號
03-3644727

華源食品原料行
桃園市中正三街38號
03-3320178

做點心過生活
桃園市復興路345號
03-3353963

乙馨食品行
桃園縣平鎮市大勇街禮節巷45號
03-4583555

艾佳食品行
桃園縣中壢市黃興街111號
03-4684557

陸光食品公司
桃園縣八德市陸光街1號
03-3629783

富讚有限公司
新竹市港南里海埔路179號
03-5398878

力陽食品機械公司
新竹市中華路三段47號
03-5236773

萬和行
新竹市東門街118號
03-5223365

新勝食品原料行
新竹市中山路640巷102號
03-5388628

新盛發食品原料行
新竹市民權路159號
03-5323027

康迪食品原料行
新竹市建華街19號
03-5208250

天隆食品原料行
苗栗縣頭份鎮中華路641號
037-660837

中部地區

玉記行
臺中市西區向上北路170號
04-23107576

中信食品原料行
臺中市南區復興路三段109之4號
04-22202917

齊誠食品行
臺中市北區雙十路二段79號
04-22343000

永美製餅材料行
臺中市北區健行路665號
04-22059167

利生食品有限公司
臺中市西屯區西屯路二段28之3號
04-23124339

明興食品超市
臺中市豐原區瑞興路106號
04-25263953

豐榮食品原料行
臺中市豐原區三豐路317號
04-25271831

永明食品原料行
彰化市磚窯里芳草街35巷21號
04-7619348

敬崎食品有限公司
彰化市二林鎮三福街197號
04-7243927

王成源食品原料行
彰化市永福街14號
04-7239446

上豪食品原料行
彰化縣芬園鄉彰南路三段355號
04-9522339

順興食品原料行
南投縣草屯鎮中正路586之5號
049-333455

新瑞益食品原料行
雲林縣斗南鎮七賢街128號
05-5963765

彩豐食品原料行
雲林縣斗六市西平路137號
05-5350990

好美食品原料
雲林縣斗六市中山路218號
05-5324343

新瑞益食品原料行
嘉義市新民路11號
05-2869545

名陽食品原料行
嘉義縣大林鎮蘭州街70號
05-2650557

南部地區

永昌食品原料行
臺南市東區長榮路一段115號
06-2377115

世峰行
臺南市西區大興街325巷56號
06-2502027

玉記行
臺南市西區民權路三段38號
06-2243333

永豐食品行
臺南市南區賢南街158號
06-2911031

富美食品原料行
臺南市北區開元路312號
06-2376284

銘泉原料行
臺南市安南區開安四街24號
06-2460929

玉記香料行
高雄市新興區六合一路147號
07-2360333

正大行
高雄市新興區五福二路156號
07-2619852

十代公司
高雄市三民區懷安街30號
07-3813275

烘培家食品原料行
高雄市左營區至聖路147號
07-3487226

德興烘焙原料專賣場
高雄市十全二路101號
07-3114311

旺來昌食品原料行
高雄市前鎮區公正路181號
07-7135345

薪豐食品行
高雄市苓雅區福德一路75號
07-7222083

茂盛原料行
高雄縣岡山鎮前峰路29之2號
07-6259679

順慶食品原料行
高雄縣鳳山區中山路237號
07-7462908

旺來興食品原料行
屏東市民生路79-24號
08-7237896

東部地區

典星坊
宜蘭縣羅東鎮林森路146號
039-557558

裕順食品公司
宜蘭縣羅東鎮純精路60號
039-543429

欣新烘焙食品行
宜蘭市進士路85號
039-363114

立高商行
宜蘭市孝舍路29巷101號
039-386848

立豐食品原料行
花蓮市和平路440號
038-358730

玉記香料行
臺東市漢陽路30號
089-326505

二魚文化 魔法廚房 M058

自然甜 食在安心低糖點心

作　　者　廖敏雲
攝　　影　周禎和
編輯主任　葉菁燕
文　　字　燕湘綺
美術設計　費得貞
讀者服務　詹淑真

出 版 者　二魚文化事業有限公司
地址 106 臺北市大安區和平東路一段 121 號 3 樓之 2
網址 www.2-fishes.com
電話 (02)23515288
傳真 (02)23518061
郵政劃撥帳號 19625599
劃撥戶名　二魚文化事業有限公司
法律顧問　林鈺雄律師事務所

總 經 銷　大和書報圖書股份有限公司
電話 (02)8990-2588
傳真 (02)2290-1658

製版印刷　彩峰造藝印像股份有限公司
初版一刷　二〇一三年十二月
I S B N　978-986-5813-14-7
定　　價　三二〇元

題字篆印／李蕭錕

國家圖書館出版品預行編目資料

自然甜：食在安心低糖點心 / 廖敏雲 著.
- 初版. -- 臺北市：二魚文化, 2013.12
104面；18.5×24.5公分. -- (魔法廚房；M058)
ISBN 978-986-5813-14-7

1.食譜 2.點心3.蛋糕

427.16　　102022516

二魚文化 讀者回函卡

讀者服務專線：（02）23515288

感謝您購買此書，為了更貼近讀者的需求，出版您想閱讀的書籍，請撥冗填寫回函卡，二魚將不定時提供您最新出版訊息、優惠活動通知。
若有寶貴的建議，也歡迎您 e-mail 至 2fishes@2-fishes.com，我們會更加努力，謝謝！

姓名：＿＿＿＿＿＿＿＿ 性別：□男 □女 職業：＿＿＿＿＿＿

出生日期：西元＿＿＿年＿＿月＿＿日 E-mail：＿＿＿＿＿＿＿＿＿＿＿＿＿

地址：□□□□□＿＿＿＿＿縣市＿＿＿＿＿鄉鎮市區＿＿＿＿路街＿＿＿段＿＿＿

巷＿＿＿弄＿＿＿號＿＿＿樓

電話：（市內）＿＿＿＿＿＿＿＿（手機）＿＿＿＿＿＿＿＿

1. 您從哪裡得知本書的訊息？

□逛書店時
□逛便利商店時
□上量販店時
□朋友強力推薦
□網路書店（站名：＿＿＿＿＿＿）
□看報紙（報名：＿＿＿＿＿＿）
□聽廣播（電臺：＿＿＿＿＿＿）
□看電視（節目：＿＿＿＿＿＿）
□其他地方，是＿＿＿＿＿＿

2. 您在哪裡買到這本書？

□書店，哪一家＿＿＿＿＿＿
□量販店，哪一家＿＿＿＿＿＿
□便利商店，哪一家＿＿＿＿＿＿
□網路書店，哪一家＿＿＿＿＿＿
□其他＿＿＿＿＿＿＿＿

3. 您買這本書時，有沒有折扣或是減價？

□有，折扣或是買的價格是＿＿＿＿＿＿
□沒有

4. 這本書哪些地方吸引您？（可複選）

□主題剛好是您需要的
□是您喜歡的作者
□食譜品項是您想學的
□有重點步驟圖
□有許多實用資訊
□版面設計很漂亮
□攝影技術很優質
□您是二魚的忠實讀者

5. 哪些主題是您感興趣的？（可複選）

□快速料理 □經典中國菜 □素食西餐 □醃漬菜 □西式醬料 □日本料理 □異國點心 □電鍋菜 □烹調秘笈
□咖啡 □餅乾 □蛋糕 □麵包 □中式點心 □瘦身食譜 □嬰幼兒飲食 □體質調整 □抗癌 □四季養生
□其他主題，如：＿＿＿＿＿＿＿＿＿＿＿＿

6. 對於本書，您希望哪些地方再加強？或其他寶貴意見？

＿＿＿＿＿＿＿＿＿＿＿＿＿＿＿＿＿＿＿＿＿＿＿＿

＿＿＿＿＿＿＿＿＿＿＿＿＿＿＿＿＿＿＿＿＿＿＿＿

廣 告 回 信
台北郵局登記證
台北廣字第02430號
免貼郵票

106 臺北市大安區和平東路一段 121 號 3 樓之 2

二魚文化事業有限公司 收

M058 自然甜

魔法廚房系列 Magic★ Kitchen

●姓名

●地址

請沿線剪下後，對折以膠帶黏貼，免貼郵票，直接投入郵筒寄回！